张枫 ◎ 编著

成功与机遇

上

中国出版集团

现代出版社

图书在版编目（CIP）数据

成功与机遇（上）/ 张枫编著. —北京：现代
出版社，2014.1
ISBN 978-7-5143-2451-8

Ⅰ．①成… Ⅱ．①张… Ⅲ．①成功心理－通俗读物
Ⅳ．①B848.4－49

中国版本图书馆 CIP 数据核字（2014）第 056884 号

作　　者　张　枫
责任编辑　王敬一
出版发行　现代出版社
通讯地址　北京市安定门外安华里 504 号
邮政编码　100011
电　　话　010－64267325 64245264（传真）
网　　址　www.1980xd.com
电子邮箱　xiandai@cnpitc.com.cn
印　　刷　唐山富达印务有限公司
开　　本　710mm×1000mm　1/16
印　　张　16
版　　次　2014 年 4 月第 1 版　2023 年 5 月第 3 次印刷
书　　号　ISBN 978-7-5143-2451-8
定　　价　76.00 元（上下册）

目　录

第一章　揭开机遇的神秘面纱

第二章　把准机遇的脉搏

第三章　用主动敲开机遇之门

第一章　揭开机遇的神秘面纱

你对机遇够了解吗？

机遇是你事业上的火种，而不仅仅是人生追求中的浪漫插曲。你捕捉到它，充分利用它，就能使你的事业如日中天，势不可挡。机遇并不是平白无故地落到你的头上的。机遇需要捕捉，需要探索。成功有成功的道理，失败有失败的原因，能不能突破这里的重重困难，就看我们怎样去看待和运用那转瞬即逝的机遇。对待机遇，有人停滞不前，有人呆若木鸡，有人却慧眼独具、紧抓不放。

了解机遇的本质

什么是机遇？想发现机遇，你必须先明白机遇的本质和功能。

现实生活中，人们把科学工作者有意识、有计划、有目的地进行某项观察、实验时的偶然发现，称之为机遇；把在困境中遇到转折点，从此走上成功之路的现象，称之为机遇；把在政治、军事、文化等活动中出现的起带动促进作用的新情况、新事件，称之为机遇。

　　一般来说，机遇就是能给人们以实现夙愿的有利机会。其含义极其广泛，既指人在社会生活巧逢的良机，又指在政治、经济、军事、司法等实践中出现新的情况、新机会给人们带来的转机，还指科学实践中导致科学发现的意外事件。

　　机遇与你的事业是休戚相关的，机遇是一个美丽而性情古怪的"天使"，她偶尔降临在你身边，如果你稍有不慎，她又将悄然而去，不管你怎样扼腕叹息，她却从此杳无音讯，不再复返了。

　　的确，在瞬息万变的现代社会中，机遇无处不在，关键是看你是否善于把握住她。有的人因为恰当地抓住了时机一跃而上，踏上了成功的天桥；有的人却因为一叶障目，错失了在眼前晃动的机缘，一生碌碌而过。

　　成功等于勤奋加机遇。机遇是成功人士路途上不可缺少的一个部分。俗话说：时势造英雄。这个"时势"从某种意义上来说便是机遇。一个人若是有本领，有实力，而且勤奋刻苦，但却没有遇上合适的机会，这就像一个人经过艰苦跋涉，来到了一座富藏金矿的山下，然而只能在山下转悠，因为没有人给他指点进山的道路。但是这时他若是遇到一位高人，握着他的手引他入山，这样他便如虎添翼，离夺取的宝藏越来越近了。

　　有的人虽然智比孔明、勇赛子龙，最终却无法致富。看到了机遇，勇于迎头而上的人大都发达了，看不见的人到现在还是普通老百姓一个，这就是机遇的重要性。一个机遇扭转一个人的人生走向，甚至几亿人或几代人的人生走向都是可能的。

机遇和个性气质有关

机遇是非常复杂的，它和人的个性、素质等有着密切的关系。摆正个人与机遇的关系，需要考虑到个性、气质与兴趣，只有把握每个人特有的个性去设计人生，才能叩开机遇之门，踏入幸福之境。

个性是指一个人带有倾向性的稳定的心理特征的总体，从广义上讲，个性包括个人倾向、性格、智能、自我协调性等方面的内容。个性心理特征包括人们处理各种事情的能力、热情或性格等。个性直接影响着人们捕捉机遇、创造机会的能力。个性因素的差异以及个性与特定环境的协调状况是造成事业成败、命运好坏与否的一个重要因素。个性倾向直接影响人们的注意力。

"入迷"是一种特殊的注意现象，它是取得科学成就及事业成功的重要因素之一。

好奇心是与注意力有关的一种重要心理现象。科学家通常具有一种愿望，就是要去寻找问题并发现具有明显联系的大量资料背后的那些原理。这种强烈可被视为成人型的或升华了的好奇心。好奇心常常是科学课题提出的媒介，是科学发现的动力之一和捕捉机遇的重要途径。一般地说，好奇心最重要的一条就是不满足现状，要敢于从对现状的不满中提出怀疑，要善于张开思维的翅膀，在未知的领域里飞翔。

除个性之外，个人的心理素质和身体素质在捕捉机遇的过程中也具有不可忽视的作用。素质是人们典型而稳定的心理特征，这主要表现为一个人情绪体验中的强度、速度，以及动作反应的敏捷性等。性情和脾气是素质的集中反映。

不同人的素质具有较大的差异性，而素质的差异又决定着人们在日常行为中所表现出来的性情和灵敏度等方面必然存在一定的差异，影响着个人所宜于捕捉机遇的类型。素质对于人们的行业与职业选择、机遇的捕捉等都有重要影响。人们应该根据各自的素质正确地面对挑战，谋求适宜的职业与人生环境，以从中获取最能发挥个人素质特点的良机，实现幸福。

通常情况下，胆汁质型的人直率、热忱、性格外向且精力充沛，适宜于从事教育、社交等工作，比较容易在推销、企业管理、公共关系等工作中得到机遇，取得成功。同时，由于胆汁质型的人神经活动的兴奋性很高，思维机敏灵活，动作反应迅速，这类人在侦察、侦探以及自然科学领域也较容易捕捉良好的机遇，获得成功。在素质上明显属于胆汁质型的人，一般不宜于做细微循环、外科手术、精密仪器等方面的工作，因为这种气质对这类职业感到难以适从而捕捉不到成功的机遇。

活泼好动、敏感而反应迅速、情感外向是多血质型人的特点。这类人多喜欢与人交往，对新环境的适应性较强，有"四海为家"的生活习性。这类人可能成为企业家、自然科学家和社会活动家，适宜于搞自动化操作、打字和商品推销等工作。

黏液质型的人心境比较安静、稳定，坚持心与耐力好，这种人适宜于选择那些需要耐心与情绪稳定的职业与环境，如科学研究、微电子技术、外科手术、仪器检修等。

抑郁质型的人善于洞察秋毫，情绪体验深刻，做事细心、谨慎，却多愁善感，遇事优柔寡断，性情孤僻，行动反应迟缓。这类人宜于进行诗歌、小说的创作，从事那些需要谨慎、细心的职业。黏液质与抑郁质同属素质内倾型。由于抑郁质型的人态度内向，以自我作为行动的出发点，行为特征表现为静态、主观与理想化，因而在行动上常会产生一些主观随意，固守着一种浪漫主义的行动逻辑。这种人可以成为小说家、思想家与哲学家，适宜于做一些需要安心、细心和耐心的工作，如维修、会计、审计、信息处理等。

一般来讲，一个人不会单属于某种素质，大部分人所具有的都是一种混合型素质。但各个不同素质类型的人都有与各自特征相适应的职业与环境，因此，人们应当根据自己的素质类型选择适合的职业与环境，这样就更能捕捉到较多的机遇，取得事业的成功和生活的幸福。

人们为了在挑战面前更好地抓住机遇，就应根据个人的素质选择适合的职业与环境，这样才有利于最大限度地发挥自己的才智和能力，成就辉煌的业绩。人们如果硬要选择并从事与自己素质相抵触的职业和工作，只能品尝到痛苦与煎熬，觉得心有余而力不足，无法取得满意的业绩，个人幸福也会受到影响。因此，在挑战与机遇面前，人们必须三思，必须检测一下自己的素质，以便获取更多的机遇和最大的幸福。

机遇是偶然中的必然

机遇往往在偶然中显示着必然，在必然中显示着偶然，所以显得诡秘莫测。生命的流程像一条线，机遇则是一个点，没有流程的线，就没有机遇的点。

既然机遇是偶然中的必然，必然中的偶然，就必定有其规律。有人曾做过如下的比喻：抓机遇好比老鹰捕兔子，一不留神稍纵即逝。要捕捉到狡猾的兔子，老鹰必须做到稳、狠、准。机遇好像兔子，它是动态的，绝不是静止的，机遇的性格就是谁也不等待。老鹰在天上盘旋，只能说是"机"，老鹰捕捉到兔子那一刹那才是"遇"。

守株待兔不是机遇，是纯属偶然。因为兔子触树，折颈而死的"机遇"太少、太偶然了。守株待兔，千年未必能够等一回。反过来说，真是千年等到一回折颈而死的兔子，待兔子之人要付出一千年的机遇成本，其机遇成本也太高了。

机遇的另一个特点是它包含着较高的收益含量。你的门前有一个卖烧饼的，天天都这么卖着，你天天都能见到他，双方之间公平交易，这就不叫什么机遇。首先，机遇必须具有超出一般受益度的价值，同时又具有不可多得性，即老百姓常说：机不可失，时不再来。如上所说，"机"是一条线，"遇"是一个点。我们通常说的机遇，主要是指"遇"这一部分。

刻舟求剑虽然是一个荒唐的笑话，但这个笑话对我们不无启发。刻舟求剑是对机遇的曲解，是机遇观念的错位。"机"的运行路线变了，何以得"遇"？在现实生活中，刻舟求剑的人实在不少，许多人都在机遇已经过去的时候刻舟求剑。刻舟求剑的错误在于时空的错位，按照时间和空间的运动方向，机遇不可能在他画的地方重新出现。

由于天上不会掉"馅饼"，任何机遇都要求人具有相应的技能和基础，所以，长期的不懈努力是把握机遇的条件，即人们常说的：机遇偏爱有准备的头脑。加富尔说："时机可能是召集军队打仗的号角，但号角的鸣叫永远不能制造出士兵和胜利。"

机遇并不是不可捉摸、不可把握的，它自有其规律。机遇作为一种时空组织，首先具有时空组织的规律，再之，时空具有不可逆性，因而它是有代价的，即时间和空间的代价。时间的主要特点是不可逆性，因为时间是机遇的主要成本之一。

机遇的时空组织规律主要表现为它的方向性，即不可逆性。严格地说，机遇从来都是只出现一次，第二次出现的机遇不可能和第一次一样。由于机遇是由时间和空间组成的，选择机遇同样需要付出时空成本。我们平常说的"天时、地利、人和"就是成功的三条运动线。

80年代的一天，曾出现过一次百年不遇的日全食，它的时间是在上午。现代科学早就计算出了日全食的准确时间，并印在了日历上。

应该说，观看日全食是一个公开的机遇。这个机遇可不可以赚钱呢？有一个人为此大发其财。

百年不遇的日全食是所有的人都想看到的，但真要去看日全食并不是太方便，因为肉眼直接观看日全食会很刺眼。在家中可以找上一个照片的底片，隔着底片就可以大胆地看；还有一个办法，就是在水盆中倒进一些墨水，从墨水的反光中观看日全食。但是，一般人都没有想到，在大街上行走的人该怎么把握这次机遇。此人就是想到了这一点，他采取了一个很简单的办法，赚了不少钱。他提前加工了一大批深色的胶片，裁成小方块，在那天上午，一下子在全市设了几十个销售点，一片深色胶片的加工费不过几分钱，但他每一片卖 5 毛钱，立即被抢购一空。对于想观看日全食的人来说，花 5 毛钱观看一次一百年不遇的日全食，绝对是值得的，而对于这位卖胶片的人来说，则抓住这个机遇获得了高额利润。

他的这次机遇的一个最主要的因素就在于它的时空成本，因为他的机遇只有一次，虽然如此，他的成功概率还是很高。如果年年都有这么一次日食，也就称不上什么机遇了，谁都会如法炮制，大家只有公平竞争了。

随着时代的发展，机遇也在进步。进入互联网时空，机遇仿佛拥有了全新的概念。在网络之上，"机"在无限的网络之上碰撞，机遇几乎要把人们忙坏了。

一个人的成功，有时纯属偶然。可是，谁又敢说，那也是一种必然。

所罗门说过："智者的眼睛长在头上，而愚者的眼睛是长在脊背上的。"詹姆斯有一次对一位刚从意大利回来的先生说："先生，同样在欧洲旅行，但不同的人所得的收获是大为不同的。"心灵比眼睛看到的东西更多。那些呆头呆脑的凝视者只能看到事物的表象。只有那些富有洞察力的眼光才能穿透事物的现象，深入到事物的内在本质之中去，看到差别，进行比较，抓住潜藏在表相后面的更深刻、更本质的东西。

在伽利略之前，很多人都看到悬挂着的物体有节奏地来回摆动，但只有伽利略从中得到了有价值的发现。比萨教堂的一位修道士在给一盏悬挂着的油灯添满油之后，就离去了，听任油灯来回荡个不停。伽利略，这个十八岁的年轻人，出神地看着油灯荡来荡去，由此他想出了计时的主意。此后，伽利略经过多年的潜心钻研，终于成功地发明了钟摆。这项发明对于精确地计算时间和从事天文学研究具有十分重要的意义，无论我们怎样来评价它的作用都不会过分。

有一次，伽利略偶然听到一位荷兰眼镜商发明了一种仪器，借助于这种仪器，能清楚地看清远方的物体。伽利略认真研究了这一现象背后的原理，成功地发明了望远镜，从而奠定了现代天文学基础。这些发明，绝对不可能由那些漫不经心的观察家或无所用心的人创造出来。

有些人走上成功之路，的确归功于偶然的机遇。然而就他们本身来说，他们确实具备了获得成功机遇的能力。机遇的出现虽有偶然性，但多数情况下，又有其发生的必然性，它是社会发展过程中多种因素交互作用的必然结果。机遇的来临、个人对机遇的把握等也有内在规律可循。

对于奋进成才的人来说，要做一个开拓机遇、捕捉机遇、进而成为发掘机遇潜能、高效运用机遇、驾驭机遇的高手，提高机遇的利用率，善于将机遇发挥到最大值，实现运用机遇的最佳化，确实是成功方略的重要组成部分。

机遇是智慧与勇气的结合

要想创造机遇，就必须有坚实的根基。这种根基就是：你对先进的经营思想、消费时尚和社会经济的大环境的深入了解和把握。下面以世界最大的百货公司——梅西公司为例来简析之。

创业之初，梅西公司就给自己创造了一个机遇。开业那天，他们提出了一个诱人的口号："用现款买便宜货"，也就是今天常说的"开业大酬宾"。这一招在一百年前看来，无疑是新颖、独特的。在当时商品经济并不像现在这么发达，人们渴望购买便宜货的愿望要比现在强烈得多，罗兰·梅西正是抓住了这一消费心理，为自己创造了机遇。在这个口号的吸引下，人们潮水般地拥向梅西公司。公司不仅因此赚回了一大笔，还以此广泛地宣传了自己。从此，人们知道有一家百货公司叫梅西，在纽约第十四街区。

人无我有，同样的经营方法，用在别人之先，便能为自己创造机遇，稳操胜券，而跟在别人之后，就很难有所成就。这是梅西公司的又一成功的法宝。

随着时代的发展，经济的进步，人们拥有的存款越来越多，购物的方式也开始发生改变，信用卡也开始在不少地方使用。梅西发现了这一变化，针对这一变化，他又为自己创造了一次机遇。

他推出一种新的结算方式：只要在梅西银行存入一笔钱，

顾客就得到一张信用卡，用这张信用卡，就可以在所有梅西公司的商店购物，余款仍可享受利息。这一举措，方便了顾客购物，又给了顾客不少优惠。梅西公司的销售量再次突飞猛进。

随着人们消费方式的不断发展和激烈的市场竞争的日趋加剧，经营方法和服务措施也需要一步步改进。要变化，才能求新，才能有生存之地；要领先，才能赚得丰厚的利润，才会显示出优势。梅西就善于先人一步，为自己创造机遇。

有一段时间，公司的许多老顾客纷纷到别处去购买大件贵重商品。梅西调查发现：有些公司在采取分期付款方式销售大件商品。针对这种情况，梅西决定推出"用时再付"的销售方式。这种方式自然又比分期付款更进一步。于是，昔日的顾客又纷纷回到梅西公司，梅西又创销售高潮。不过如果你在使用"用时付款"的销售方式时，一定要注意采取相应的措施，确实保证你的产品不会不翼而飞，否则你将会弄巧成拙。

针对人们在购买不同商品时的不同心理，制定相应的措施，使人们的这种心理在一定程度上得到满足，也是为自己创造机遇的窍门。梅西又充分地利用了这一点，为自己创造了再一次的商业机遇。

20世纪30年代之前，美国家具行业均不太注重销售方式。大家都认为：酒好不怕巷子深。只要自己的产品过硬，销售就一定很旺。

但是梅西通过市场调查和分析发现情况并不是那么回事。当时梅西公司有一个家具商场，于是他就凭着这一认识，开始对家具消费者的购买心理进行调查。他发现：顾客大多认为，购买家具是家庭里的一件大事，家庭成员常要经过商议才能决定。而且人们在购买时，也非常慎重，常常要经过反复的比较才能决定是否购买和购买哪种样式的家具，但一经购买，常常同时购买几件，有一种想成套购买的愿望，特别是在结婚和喜迁新居时，常常想面目一新，同时又想所有家具都能协调搭配。

针对以上情况，梅西就想，为什么不设置一个个格调不同的小房间，布置出专门的陈列室，把家具配套地摆放在其中，然后再配以灯光设计，烘托出家的温馨和浪漫。梅西这一招的确高明，顾客从来没见过如此销售家具的。他们徜徉在一间间温馨的小房间中，仿佛第一次感受家的温馨、甜蜜和浪漫。顾客们几乎奔走相告，梅西公司门庭若市，人们称梅西公司的展厅为摩登小屋，称这里的家具为摩登家具，梅西公司名噪商界。然而，梅西并未就此止步，又进一步丰富了这种展卖方式，辟出各具特色的房间将家具配套出售，有小孩、老人和青年的单身房间，有古色古香的传统家具房间，也有豪华的客房。接着，梅西又把这种方式推广到其他商品的经营上。梅西又一次为自己创造了机遇。

用社会学、心理学的观点和方法研究顾客心理和社会消费大趋势，领风气之先，是为自己创造机遇的又一制胜之道。梅西用自己的执著和才华再一次用以上的方法为自己创造了机遇。

梅西步入一家家百货公司，深入了解每一个行业，他发现大型百货公司的顾客群由中等以上收入的家庭主妇构成，这些家庭主妇也代表着美国商业顾客的主流，所以研究她们的消费心理和购物方式，并且满足这些心理和购物方式将会获取巨大的商业利润。于是梅西开始深入调查这一消费群体的消费状况和购物方式。经过多方信息收集，他发现：家庭的全部购买活动，包括男人的服装、鞋袜都是由这些家庭主妇来承担的，而她们大多受过高等教育，有一定的文化修养，生活也丰富多彩，不仅仅以购物为乐趣，价值观念也很新潮。在购物方式上体现出如下一些特点：更注重产品的精美，而不完全看重便宜货，喜欢用信用卡结算，购物时大多有较好的交通工具。有了这些新发现后，梅西开始为自己创造机遇了。

首先，他在梅西公司的所有出口，都增设宽敞、显眼、方便的停车场，顾客可以就近停车，每层楼还设置特别的入口，可以直接停车上楼。这就省去顾客寻找停车场的烦恼，也方便了送货上车。

接着，梅西公司又广开货架，把商品琳琅满目地布置在货架上，顾客可以自由地选择。为适应家庭夜晚集中购物的习惯，梅西公司又延长夜间服务时间。为了使顾客在购物时顺便处理其他家庭琐事，梅西公司又附设了汽车修理中心、音乐厅，举办服装展示会、赛马等，还增设售票柜，代售娱乐的门票。由于这些措施的实行，顾客来到梅西公司，就仿佛进入了家庭百业店，它可以为你提供几乎所有的家庭服务。于是，这些家庭主妇无不结伴而来，把到梅西来购物作为一种习惯和时尚。

梅西公司的发展充分说明，只要充分地了解市场，分析市场，不断地改进经营方式和服务措施，人无我有，先人一步，就一定能给自己创造机遇。

分清机遇和陷阱

在把握机遇的过程中为什么要讲勇气，就是因为真正的机遇并不总是布满鲜花的城堡，让大家一眼就能认出来，有时候需要有赌博的勇气。

一位富翁在非洲狩猎，经过了三个昼夜的周旋，一匹狼成了他的猎物。向导准备剥下狼皮时富翁制止了他，问："你认为这匹狼还能活吗？"向导点点头。富翁打开随身携带的通讯设备，让停泊在营地的直升机立即起飞，他想救活这匹狼。

直升机载着受了重伤的狼飞走了，飞向了 500 公里外的一家医院，富翁坐在草地上陷入了沉思。这已不是他第一次来这里狩猎了，可是从来没像这一次给他如此大的触动。过去，他曾捕获过无数的猎物——斑马、小牛、羚羊甚至狮子，这些猎物在营地大多被当作美餐食之，然而这匹狼却让他产生了让它继续活着的念头。

狩猎时，这匹狼被追到一个近似于丁字形的岔道上，正前方是迎面包抄来的向导，他也端着一把枪，狼被夹在了中间。在这种情况下，狼本来可以选择岔道逃掉，可是它没有那么做。当时富翁很不明白，狼为什么不选择岔道，而是迎着向导的枪口冲过去，准备夺路而逃。难道那条岔道比向导的枪口更危险吗？

狼在夺路时被捕获，它的臀部中了弹。面对富翁的迷惑，向导说："埃托沙的狼是一种很聪明的动物，它们知道只要夺路成功，就有生的希望。选择没有猎枪的岔道，必定死路一条，因为那条看似平坦的路上必定有陷阱，这是它们在长期与猎人周旋中悟出的道理。"

富翁听了向导的话，非常震惊。据说，那匹狼最后被救治成功，如今在纳米比亚埃托沙禁猎公园里生活，所有的生活费由那位富翁提供，因为富翁感激它告诉他这么一个道理：在这个相互竞争的社会中，有时，真正的陷阱会伪装成机会，真正的机会却会伪装成陷阱。

要把握机遇的人，必须会从陷阱边沿找到机遇。

晓东十分轻信他人。在求职的路上，被一个骗子用假金像骗走了3000元钱。于是人们提醒他："小心啊，现在大街上到处都是骗子、恶棍、小偷和无赖，千万不能轻信任何人啊！"于是晓东便全盘接受了人们的劝告，从此变成了一个多疑的人。

晓东虽然身材健美且多才多艺，然而还没有找到理想的工作，他必须每天奔跑于大街小巷，为寻找一份自己较满意的工作而忙碌不休。

这天，一位中年女画家看中了他的体形，欲以高薪聘请他做她的业余模特。要知道，这位女画家开出的价钱，足够他十年坐享其成！

"怎么样？年薪20万，小伙子，你给我做业余模特。平时你尽可以从事你的正式工作。"

晓东先是惊喜，而后便生疑："天下哪有这种凭空掉馅饼的事儿？哼！骗局！骗局！"多疑的晓东朝女画家冷冷看了一眼，走了。

他失去了一次净赚 20 万元的机会。

又过了几天，他去一家新盖的写字楼，到他从未听说过的美国公司应聘。老总看中了他一口流利的美式英语、一副健美的身材和那种稳重且略显忧郁的气质。面试刚刚结束，老总便对他说："你被录用了，就做我的助手兼翻译，月薪 3 万。请你现在就开始工作，因为今晚有一个重要宴会，需要你出面翻译。"

"那……我不回家了吗？"晓东担心家里无人照看。

"家就不用去管它了，上班吧。"老总说完，忙别的事去了。

多疑的晓东却想："不让我回家，莫非这是一家骗子公司？企图用谎言留住我，然后派人把我家偷个一干二净？况且是 3 万的月薪，怎么可能这么高？哼！一定是个阴谋，不能相信，不能相信！"

晓东走了，不辞而别。走在路上，他还在庆幸："天哪，幸亏我警惕性高，要不然……"回到家，看到家里一切完好无损，他高兴地笑了。然而，他哪里知道，他损失了更多的东西呢？

轻信的人容易上当，而多疑的人会丧失更多的机会，这两种都是不可取的。

机遇是怎样改变人生的

在我们的一生中，机遇可以说是随时存在的。由于机遇转瞬即逝，没抓住它，就永远失去了。若抓住了一次，就可能造成人生的转机。机遇能不能变成你的现实利益，则要看你是不是具有发现它的头脑、捕捉它的目光、抓住它的胆魄和利用它的实力。从寻找到发现、抓获、利用它，是个厚积薄发的过程。只有长期追求，苦心积累，才能真正有所发现、有所收获。因此，将力量的基点放在积累能量、蓄势待发上，则不失为明智之举。

让机遇成为人生腾飞的翅膀

机会总是平等地出现在每个人的面前的。当机会出现在你面前时，如果你能牢牢地把握住，你就会将它变成自己人生发展的条件，使自己的人生出现转机。

熟悉皮尔·卡丹经历的人都知道，他是一个白手起家的成功典范。他的成功除了靠他在这方面的天赋之外，还靠勤奋、机遇和勇气。

皮尔·卡丹只有两岁多就随着母亲移居到法国的冈诺市。17岁时，他到一间红十字会做工。卡丹从小就表现出与逆境抗争的能力，到了红十字会以后，凭着他的勤学和机敏，很快就当上了一名小会计。当会计的这段经历，使他学会了一些经济方面的知识，如成本核算和经济管理的知识，这是卡丹人生经验的初步积累。在做会计的同时，他发现自己对裁剪的兴趣很浓厚。三年后，他到了一家服装店当学徒，几年的工夫，他已经熟练掌握了裁剪技术。这时的法国，已经开始恢复昔日繁华的面貌，卡丹也被日渐浓厚的服装消费气息所熏陶，他决定要成为一个裁缝师。

大凡卓有成就者，既有个人的天赋聪明、勤奋好学，亦有机遇和环境的造就。辛勤的劳动和强烈的自信心，使皮尔·卡丹不断地拜师学艺，与同行互相学习，短短的几年工夫，卡丹已经是有一定技术实力的裁缝师了。但是，他缺乏的是名气。卡丹到处寻找各种机遇，希望能使自己有一个转机。

这一天终于来了。1945年5月的一天晚上，他独自在维希郊外的一个小酒店里饮闷酒。当他要第三杯时，酒店里有一位破落的老伯爵夫人向他走来。

原来这位夫人是冲着卡丹穿的这套衣服来的，这身打扮很时尚，她想知道这套时装的来历，一问才知，这套衣服是卡丹亲手设计、裁剪并制作的。当她得知这个情况后，情不自禁地脱口而出："孩子，你会成为百万富翁的，这是命运的安排。"

原来，这位老夫人年轻时常出入巴黎上流社会，结识了许多服装设计大师和著名的时装店老板，巴黎帕坎女式时装店经理就是她年轻时的密友。于是，老夫人便把帕坎女式时装店经理的姓名和住址告诉了卡丹。

临别时，她拍着卡丹的肩膀笑着说："苦恼什么，年轻人？在巴黎的战争早就结束了，你难道还不知道吗？"

老夫人这个惊人的消息，以及当时听起来可笑的预言，竟然激起了卡丹埋藏已久的希望之火，帕坎时装店经理的名字和住址，简直就是一次从天而降的机遇。他暗暗发誓，振作精神，走向成功。

帕坎女式时装店是巴黎一家著名时装店，这家店时常为巴黎的一些大剧院缝制戏装。店老板得知伯爵夫人介绍一位外省的年轻人来求职，便亲自接待了卡丹，并对他进行了面试，使老板惊异的是，卡丹的裁缝手艺以及设计才能远远超出了他的想象。老板便毫不犹豫地雇用了卡丹。在这里，卡丹潜心于自己心爱的事业，刻苦钻研，拜师结友，可以说是如鱼得水。不长时间，卡丹就获得了巨大的成功，名门巨贾中开始流传着一个年轻人的名字——皮尔·卡丹。

不久，卡丹的两位好友鼓动他开设自己的时装公司。1950年，卡丹倾其所有，在巴黎开了第一家戏剧服装公司。这是卡丹大显身手的地方，也是卡丹帝国崛起的摇篮。

卡丹决意自己独立经营时装，并以自己名字的第一个字母"P"作为牌子亮出去。由于巴黎人才济济，没有名气的卡丹，虽然制作了以自己名字为招牌、款式十分新颖的时装，但"P"字牌子还是无人问津，生意清淡。但是，卡丹并没有因此而气馁，他决心在精心设计和适销对路上下工夫。

经过卡丹的不懈努力，"P"字牌服装终于有了转机，赢得了以挑剔著称的巴黎顾客的喜爱。过去，人们瞧不起成衣，可是，卡丹的创造性设计逐步改变了人们的观念。

从20世纪60年代起，卡丹在创作上不断求新，探索进取，他设计的P字牌服装，走出法国，在世界深得人们喜爱，并享有一定声誉。卡丹服装行销世界，成为现代时装的名牌之一，它以"时尚、优雅、大方"著称。卡丹本人也为此三次荣获法国时装"奥斯卡"设计奖——金顶针奖，这是时装设计的最高奖，卡丹成为了世人瞩目的设计巨星，法国时装界的王中之王。

现在，皮尔·卡丹拥有了从设计加工到生产的庞大时装业，"卡丹帝国"的主人卡丹从原来两手空空的工人，发展到现在不仅在法国拥有上百家分店，而且在世界上 97 个国家开设分店。经过 30 多年的努力，P 字牌的服装成为超级名牌。今天，他拥有约 10 亿美元的资产。

勤奋和勇敢可以创造机遇，机遇使皮尔·卡丹插上了腾飞的翅膀。

用你的热情感染机遇

热情，就是一个人保持高度的自觉，就是把全身的每一个细胞都调动起来，完成他内心渴望完成的工作。

热情是一种动力，在你遇到逆境、失败和挫折的时候，给你力量，指引着你去行动，去奋斗，去迈向成功。凭借热情，我们可以把枯燥无味的工作变得生动有趣，使自己充满活力，充满对事业的狂热追求；凭借热情，我们感染周围的同事，获得他们的理解和支持，拥有良好的人际关系；凭借热情，我们可以发掘出自身潜在的巨大能量，补充身体的潜力，发展一种坚强的个性；凭借热情，我们更可以获得老板的赏识、提拔和重用，赢得珍贵的成就和发展的机会。

正如拿破仑·希尔所说："要想获得这个世界上的最大奖赏，你就必须拥有过去最伟大的开拓者所拥有的将梦想转化为全部有价值的献身热情，以此来发展和销售自己的才能。"

有一次，有三个人做游戏，要在纸片上把他们曾经见过的印象最好的朋友名字写下来，并解释为什么选这个人。

结果写好后，第一个人解释说："每次他走进房间，给人的感觉都是容光焕发，好像生活又焕然一新了一样。他热忱活泼，乐观开朗，总是非常振奋人心。"

第二个人也说明了他的理由："他不管什么场合，做什么事情，都是尽其所能、全力以赴。他的热忱感动了每一个人。"

第三个人说："他对一切事情都尽心尽力，所付出的热忱无人能比。"

这三个人都是英国几家大刊物的通讯记者，他们见多识广，足迹遍布世界的各个角落，结交了各种各样的朋友。当三人都亮出纸片上的名字，他们惊异地发现原来三个人写的是同一个名字——澳大利亚墨尔本一位著名的律师，这位律师正是以热忱而闻名于世。

不论你有多大的才干，有多少知识，如果缺乏热情，那就等于是纸上谈兵，一事无成。没有人愿意整天跟一个提不起精神的人打交道，没有哪一个老板愿意去提升一个毫无热情的员工。但是，如果一个人智能一般，才能平庸，却拥有满腔热忱、努力奋斗，所谓"勤能补拙"，就一定能产生很好的业绩。

纽约中央铁路公司前总经理佛瑞德瑞克·威廉生说过这样的话："我愈老愈认定热情是成功的秘诀。成功的人和失败的人在技术、能力和智慧上的差别通常并不大，但是如果两个人各方面都差不多，具有热情的人将更能得偿所愿。一个人能力不足，但却具有热情，通常必定会胜过能力高强但是欠缺热情的人。"

总听到有人抱怨工作太枯燥，与客户打交道太难。其实，很多时候，问题不在工作本身，而在我们自己身上。如果你本身不能热情地对待自己的工作，那么即使是让你做你喜欢的工作，一段时间后你依然会觉得它乏味至极；如果你本身缺乏热情的感染力，又怎么能够吸引你的老板、同事和客户的目光？

当你把工作看做人生的一种快乐使命，积极地投入自己的热情时，上班就不再是一件苦差事，工作就会变成一种乐趣。当你兴致勃勃地工作，并努力使自己的老板和客户满意时，所获得的利益就会增加。

那些对眼前的工作倾注了全部热情和精力的人，无论工作多么困难，需要付出多大的努力，都会尽心尽力地去完成。这种热情的态度，将是他们纵横职场、取得成功的资本！

不同选择造就不同的人生

机遇对任何人来说都是平等的，但在人生的每一次关键时刻，应该审慎地运用你的智慧，做最正确的判断，选择属于你的正确方向。

从前有两个贫苦的樵夫靠上山砍柴糊口，有一天在山里，他们同时发现两大包棉花，两人喜出望外，棉花的价格高过柴薪数倍，将这两包棉花卖掉，足可供家人一个月衣食无忧。当下两人各自背了一包棉花，便赶路回家。

走着走着，其中一个樵夫眼尖，看到山路上有一大捆布，走近细看，竟是上等的细麻布，足足有十多匹。他欣喜之余，和同伴商量，一同放下肩负的棉花，改背麻布回家。他的同伴却有不同的想法，认为自己背着棉花已走了一大段路，到了这里丢下棉花，岂不枉费自己先前的辛苦，坚持不愿换麻布。先前发现麻布的樵夫屡劝同伴不听，只得自己竭尽所能地背起麻布，继续前行。

又走了一段路后，背麻布的樵夫望见林中闪闪发光，走近前一看，地上竟然散落着数坛黄金，心想这下真的发财了，赶忙邀同伴放下肩头的麻布及棉花，改用挑柴的扁担来挑黄金。他同伴仍不愿丢下棉花，以免枉费辛苦的论调，并且怀疑那些黄金不是真的，劝他不要白费力气，免得到头来一场空欢喜。

发现黄金的樵夫只好自己挑了两坛黄金，和背棉花的伙伴赶路回家。走到山下时，无缘无故下了一场大雨，两人在空旷处被淋了个湿透。更不幸的是，背棉花的樵夫肩上的大包棉花，吸饱了雨水，重得完全无法再背得动，那樵夫不得已，只能丢下一路辛苦舍不得放弃的棉花，空着手和挑金的同伴回家去。

面对机会的来临，人们常有许多不同的选择方式。有的人会单纯地接受；有的人保持怀疑的态度，站在一旁观望；有的人则顽强得如同骡子一样，固执地不肯接受任何新的改变。而不同的选择，当然导致截然不同的结果。许多成功的契机，在起初未必能让每个人都看得到它的雄厚潜力，在起初之际抉择的正确与否，往往便决定了未来的成功与失败。

1984 年洛杉矶奥运会，国际上许多公司都知道这是一个为产品做广告的大好机遇，他们纷纷"八仙过海，各显神通"，凭借自己雄厚的财力进行各种形式的赞助，可以说是出尽了风头。在这届奥运会上，美国运动员获得了不少金牌，精明的美国商人知道这些金牌能够吸引全美国的目光，于是做出了一篇篇

"惜冕增誉"的精彩文章，忙着去给获得奥运金牌的美国运动员发数额惊人的奖金，赠给档次很高的别墅。一时间搞得很热闹，广告宣传的效果也很好，但花费却是相当大的。

这时有家巧克力厂的老板却有自己的想法，他认为，这么多人去争着做的事，我再加进去就谈不上发财的机遇了。我应该追求与众不同，结合自己的实际，从这热闹中选择别人没有发现的机遇。思路理顺之后，他的眼光变得十分敏锐：立即生产金牌巧克力，让它金光闪闪跟真的一样。这种"金牌"比起真金牌来有自己的特色，真金牌不能吃，这种假"金牌"可以"以假乱真"，还可以吃，而且它不那么"高不可攀"，可以走进广大普通消费者的生活。

这位巧克力厂的老板赶制出金牌巧克力之后，立即带上它赶到运动会现场给运动员"发奖"，并表演了滑稽的吃"金牌"巧克力的活动。这一切被好奇的新闻记者摄入镜头，作了广泛的报道。于是，被奥运会掀起来的体育热、金牌热使这种"金牌"巧克力格外受人青睐，迅速在全美国和世界许多地方畅销起来。

机遇来到你面前，最终能不能为你效力，能不能替你创造财富，这还要看你的选择能力。生活的现实告诉我们，即使是错误的选择，也比不敢选择强。错误的选择，还有改正的可能；而对于不敢选择的人来说，机遇永远与他无缘。

生活处处需要机遇

不管在何时、何地，干什么事情，从事何种工作，都是需要机会的。

爱情是需要机会的。爱情成功与否，关键是有无机会。爱情上的"机会"，许多人常常认为"可遇不可求"。有一位女青年失恋了，痛不欲生，准备割腕自尽，临死之际发去一条短信给前男友，说"我就要离开这人世了，没有你我就不想再活"。结果阴差阳错，由于按错最后一个数字，这条短信传到了另一男子的手机上。该男子马上给她发回一条短信，诚挚地规劝她；又很快给她打电话过来，不断安慰她，打消了她的轻生念头。两人越谈越投机，相约第二天再聊。最后聊着聊着就一同走进了婚姻登记处，如今夫妻俩非常幸福。

经商也是需要机会的。老李十余年前就开始开出租车，眼下早已有了数目不小的存款，主要是因为那时这种行业车少活儿多，油价低，支出少，竞争还不够激烈。小李一年前也想开出租车，半年过去了，却觉得入不敷出、捉襟见肘，不得不转行。主要是因为现在从事此类活计的人多了，竞争异常激烈，机会就颇为有限。

从政入仕也是需要机会的。从某种角度上说，如果没有刘备，就没有诸葛亮；没有周文王，就没有姜太公；南郭先生狼狈地逃走，就是因为有利的机会不存在了。

参加文艺演出和搞文学创作也是需要机会的。俄国戏剧家斯坦尼斯拉夫斯基在排练一场话剧的时候，女主角突然因故不能演出。他实在找不到人，只好叫他的大姐来担任这个角色。他的大姐以前只是干些服装准备之类的事，现在突然演主角，由于自卑、羞怯，排练时演得很差，这引起了斯坦尼斯拉夫斯基的不满和鄙视。

一次，他突然停止排练，说：如果女主角演得还是这样差劲，就不要再往下排了！这时，全场寂然，屈辱的大姐久久没说话。突然，她抬起头来，一扫过去的自卑、羞怯、拘谨，演得非常自信、真实。

斯坦尼斯拉夫斯基用"一个偶然发现的天才"为题记叙了这件事，他说：从今以后，我们有了一个新的大艺术家……

如果不是原来的女主角因故不能演出，如果斯坦尼斯拉夫斯基不叫他大姐试一试，如果不是他大发雷霆，使他大姐受到刺激，没有这一切偶然因素促成干杂务的大姐参加排练，一位戏剧表演家就一定会被埋没了！

有机会你不一定能成功，但没有机会你是注定无法成功的。但是，机会又往往稍纵即逝，好像不可捉摸，有人便认为它是毫无规律的。其实机会有自己的规律可循，它只赐福于有准备的人，唯有你的"原始积累"达到一定程度，它才肯刚好掉到你手里。比如爱情，若是你俩不相配，机会来了也会走开；比如经商、从政、参加演出，若是你没有一定的才学基础，你的东西还不够好，那是很难成功的。因此，不管机会大还是小，多还是少，来不来，何时来，你都得努力、坚持，别无他法。相反，若守株待兔，老是"躺在理想的温床"里，机会就永远不愿降临在你的身上。

机遇青睐什么样的人

乐观，是一种积极的生活态度，乐观者自信，乐观者不怕困难，乐观者不怕挫折，乐观者拥有决心和恒心。唯有乐观者，才能畅行人生；唯有乐观者，才能拥有机遇。

乐观，给生命一次机会

生活中处处都有机遇，只要你能留心它、发现它，并善于抓住它。人间万事都有一个潮涨潮落的时刻，如果把握住潮头，就会引领你走向好运。运气好的人都是乐观自信的，相信自己什么都行。幸运可能会使人产生勇气，勇气又会帮助你得到好运，这是一个良性循环。

她叫宋姗姗，是四川大学高分子科学与工程学院 2001 级的女生。同所有同龄女孩一样，大学三年级的她本来应该在宽敞明亮的教室聆听谆谆教诲，应该在绿树亭亭的校园林荫路上自在徜徉，应该在灯火通明的自习室伏案疾书……而就是这样一位风华正茂的阳光少女，却笼罩在白血病的阴影下。

早在 2001 年 5 月，宋姗姗就在高考例行体检中查出患慢性粒细胞性白血病。这个消息对她的家庭来说无异于一道晴天霹雳。宋姗姗的爸爸是四川威远县某医院医生，妈妈是威远县某中学的教师，虽然生活并不十分富裕，但是这个小家庭里却充满了书香气息。因为害怕给姗姗即将到来的高考带来压力，父母决定隐瞒病情，仅仅告诉她得了普通的地中海贫血，需要一定的药物治疗。当时尚不算严重的初期病情，就已经使姗姗常常感觉疲劳，有时候甚至连笔都拿不起来。父母看在眼里，疼在心里，他们几次劝姗姗暂时休息，明年再参加高考。但是从小到大学习成绩就一直十分优秀的姗姗，怎么也不肯放弃。最后，在带病上考场的情况下，姗姗仍然以超过重点线几十分的优异成绩，考上了全国重点大学四川大学的王牌专业——高分子科学与工程。

父母一直瞒着姗姗，但是她的病情控制需要大量的药物维持，父母只有屡次更改杜撰的贫血病情种类，好让姗姗不产生怀疑。但是观察力敏锐的姗姗却早已察觉了这一切。她发现爸爸床头常常堆满了有关白血病的书籍，妈妈常常在背地里抹眼泪，她知道自己很可能身患白血病。这个发现也曾经让她绝望过，她不知道为什么上天如此的不公，如此对待一个刚刚20岁的少女，她还有多少梦想和希望等待实现。但是很快的，她接受了这个现实，并且决定不能让家人和朋友们担心，她也就这样隐瞒着自己已经知道了病情的事实。

这一瞒就是3年。3年来，她除了常常吃药之外，像一个普通少女一样学习生活着。而这3年，说普通也不普通，在这3年里，她过得如此充实而灿烂，取得了骄人的成绩。这个乐观坚强的女孩，没有让任何人看出她的生命已经濒临消逝。在明知自己已经身患重症的情况下，姗姗依然把全部的精力投入到学习、工作中去。她对待同学热情耐心，在学校里担任了学院团委组织部部长和班里的文娱委员。她在学习上也勤奋刻苦，曾获得过学校单项一等奖学金和单项二等奖学金。她那突出的工作能力不仅赢得了同学们的赞誉好评，而且还为她赢得了四川大学"优秀团干部"的荣誉称号。

2003 年 4 月初，姗姗在四川大学华西医院查出其慢性粒细胞性白血病已经进入加速期。这个时候，姗姗每天已经需要 1200 元的药物来控制病情了。经历了 3 年的药物治疗，她的家庭已经为此花去了 20 多万的巨额费用，现在已经负债累累，一贫如洗了。

但是上天并没有放弃这样一位出类拔萃的女孩，正当全家都陷入绝望了的时候，中华上海骨髓库传来了一个好消息——已经找到了与姗姗完全匹配的骨髓！姗姗微弱的生命之火又燃起了希望。而现在也到了不得不休学静养的时候。

当父母告诉姗姗实情的时候，早有准备的姗姗表现得十分平静，倒是她还微笑着安慰伤心的家人。找到匹配的骨髓还只是希望的一个开始。骨髓移植手术已经计划在当年 6 月进行，姗姗的病情已经不允许手术时间再拖下去，而单单移植骨髓的手术治疗费和后期治疗费就需要超过 40 万元，对这样一个不堪重负的普通家庭来说，简直就是不可想象的天文数字。

老师和同学刚刚得知这一情况也都十分震动，姗姗坚强地支撑了 3 年。3 年来，就连同她朝夕相处的寝室室友，除了知道她身体不好以外，对她患白血病的情况也一无所知。就在申请休学前的几天，姗姗还同大家一起上课，做实验，没有一丝抱怨。她的这种坚强乐观的精神让身边的每一个人感动震撼。

希望的力量是无穷的，这些积少成多的爱心，定能换回她阳光的笑容，换回她健康的身体，让她能够再次接受未来生命中的挑战和收获。毕竟，她是那样的乐观和坚强！就如姗姗自己所说："我相信，手术一定可以成功，我一定可以活下来，我还有很多梦想要实现。"

好心态拥有好机遇

机遇来临时，你要保持心胸开阔与乐观。不久你就会听到机遇在敲门，不是敲你的前门，而是叩你的心扉。

机遇来临时，许多人闭门不纳。他们不知道机遇稍纵即逝。

由于心态或者着眼点的不同，同样的情况，可能会得出截然相反的结论。有一个善抓机遇的故事，这个故事广泛流传在推销员中：两个推销员一同到非洲去推销皮鞋。因为非洲天气炎热，那里的人大都喜欢打赤脚。一个推销员看到非洲人都打赤脚，很快失望了，他马上给公司发去电报："这里的人都打赤脚，皮鞋在这儿没有市场。"另一个推锁员面对同样的情况，却惊喜万分，他喜不自禁，也给自己的公司发出了电报："这里的人都不穿鞋，市场潜力大得很。"最终，他的公司引导非洲人穿上皮鞋，发了大财。

两个青年到一家公司求职，经理把第一个求职者叫进办公室里，问道："你觉得你原来的那个公司怎么样？"这个求职者面色阴郁地回答道："唉，那里糟透了。同事们尔虞我诈、钩心斗角，部门经理粗野蛮横、仗势欺人，整个公司暮气沉沉，生活在那里感到十分压抑，所以我想要换个理想的地方。"

"我们这里恐怕不是你理想的乐土。"经理说。于是那个年轻人愁容满面地走了出去。

第二个进来的求职者也被问到了这个问题，他回答说："我们那儿挺好的，同事们待人热情、互相帮助，经理们平易近人、关心下属，整个公司气氛融洽，在那里工作我感到非常愉快。如果不是想发挥特长，我真不想离开那里。""很好，你被录取了。"经理笑吟吟地说。

从某种角度上说，这位经理做出了非常聪明的取舍。

就像有些人说的那样，乐观者发明了游艇，悲观者发明了救生圈；乐观者建造了高楼，悲观者生产了救火栓；乐观者都去做了玩命的赛车手，悲观者却穿起了白大褂当了医生；最后乐观者发射了宇宙飞船，悲观者则开办了保险公司。

自信拥有机遇

自信之心，是我们追求卓越人生旅途中的永不屈服的支柱，唯有自信，才能引爆我们生命中的潜质；唯有自信，才能战胜我们生命旅程中的苦难和挫折；唯有自信，才能不断超越自我，永葆生命的青春；唯有自信，才能抓住我们生命当中不期而至的机遇。

"自信"能抓住成功的良机。在此，我们可以借鉴一下名人的事例，看看他们是怎样成功的。

日本的小泽征尔是世界著名的音乐指挥家。意大利歌剧院和美国大都会歌剧院等许多著名歌剧院都曾多次邀他加盟执棒。

有一次，他去欧洲参加音乐指挥家大赛，在决赛时，他被安排在最后一位。小泽征尔拿到评委交给的乐谱后，稍做准备，便全神贯注地指挥起来。突然，他发现乐曲中出现了一点不和谐。开始他以为是演奏错了，就让乐队停下来重新演奏，但仍觉得不和谐。至此，他认为乐谱确实有问题。可是，在场的作曲家和评委会的权威人士都郑重声明：乐谱不会有问题，是他的错觉。面对几百名国际音乐界的权威人士，他难免对自己的判断产生了犹豫，甚至动摇。但是，他考虑再三，坚信自己的判断是正确的。于是，他斩钉截铁地大声说："不，一定是乐谱错了。"他的声音刚落，评委席上的那些评委们即站起来，向他报以热烈的掌声，祝贺他大赛夺魁。

原来这是评委们精心设计的一个圈套，以试探指挥家们在发现错误而权威人士不承认的情况下，是否能坚持自己的正确判断。因为只有具备这种素质的人，才真正称得上世界一流的音乐指挥家。在比赛选手中，只有小泽征尔坚信自己而不随声附和权威们的意见，因而他摘取了这次世界音乐指挥家大赛的桂冠。

人生下来就应是自信的。自信的权利是谁也无法剥夺的。只要坚信自己能行，就会获得唯你独有的成功。精诚所至，金石为开。即使困难再大，我们也可以走出困境，因为我们相信，是我们误入了困境，而不是困境抓住了我们；即使磨难再多，我们都可以踏平坎坷，因为我们坚信，是我们误读了人生，而不是人生欺骗了我们。

跋涉在沙漠中，我们应该相信绿洲；颠簸在浪涛之上，我们应该相信彼岸。别人可以不相信我们，我们不能不相信自己。

大音乐家华格纳曾遭受同时代人的批评攻击，但他对自己的作品有信心，终于战胜世人。达尔文在一个英国小园中工作20年，有时成功，有时失败，但他锲而不舍，因为他自信已经找到线索，结果终得成功。

19世纪的英国诗人济慈幼年就成为孤儿，一生贫困，备受文艺批评家抨击，恋爱失败，身染痨病，26岁即去世。济慈一生虽然潦倒不堪，却不受环境的支配。他在少年时代读到斯宾塞的《仙后》之后，就肯定自己也注定要成为诗人。他有一次说："我想，我死后可以跻身于英国诗人之列。"济慈一生致力于这个最大的目标，使他成为一位名垂不朽的诗人。

你自信能够成功，成功的可能性就大为增加。你如果自己心里认定会失败，就永远不会成功。没有自信，没有目的，你就会一事无成。

索菲娅·罗兰是意大利著名影星，自1950年从影以来，已拍过60多部影片。她的演技炉火纯青，曾获得1961年度奥斯卡最佳女演员奖。她16岁时来到罗马，要圆她的演员梦。但她从一开始就听到了许多不利的意见。用她自己的话说，就是她个子太高，臀部太宽，鼻子太长，嘴太大，下巴太小，根本不像一般的电影演员，更不像一个意大利式的演员。制片商卡洛看中了她，带她去试了许多次镜头，但摄影师们都抱怨无法把她拍得美艳动人，因为她的鼻子太长，臀部太"发达"。卡洛于是对索菲娅说，如果你真想干这一行，就得把鼻子和臀部"动一动"。素菲娅断然拒绝了卡洛的要求。她说："我为什么非要长得和别人一样呢？我知道，鼻子是脸庞的中心，它赋予脸庞以性格，我就喜欢我的鼻子和脸保持它的原状。至于我的臀部，那是我的一部分，我只想保持我现在的样子。"她决心不靠外貌而是靠自己内在的气质和精湛的演技来取胜。她没有因为别人的议论而停下自己奋斗的脚步。她成功了，那些有关她"鼻子长，嘴巴大，臀部宽"等的议论都"自息"了，这些特征反倒成了美女的标准。索菲娅在20世纪行将结束时，被评为这个世纪的"最美丽的女性"之一。

索菲娅·罗兰在她的自传《爱情与生活》中这样写道："自我开始从影起，我就出于自然的本能，知道什么样的化妆、发型、衣服和保健最适合我。我谁也不模仿。我从不去奴隶似的跟着时尚走。我只要求看上去就像我自己，非我莫属……衣服方面的高级趣味反映了一个人的健全的自我洞察力，以及从新式样选出最符合个人特点的式样的能力……你唯一能依靠的真正实在的东西……就是你和你周围环境之间的关系，你对自己的估计，以及你愿意成为哪一类人的估计。"

索菲娅·罗兰谈的是化妆和穿衣一类的事，但她深刻地触到了做人的一个原则，就是凡事要有自己的主见，"不去奴隶似的"盲从别人。你要尊重自己的鉴别力，培养自己独立思考的能力，而不要像墙头草一样，哪边风大就往哪边倒。

要树立自信心就必须信任自己，相信自己。

前世界拳击冠军乔·弗列勒每战必胜的秘诀是：参加比赛

的前一天，总要在天花板上贴上自己的座右铭——我能胜！

我们都知道电话是贝尔发明的，可是，很少有人知道，在贝尔之前，就有人发明了电话，但他没有努力去宣传和推广自己的成果，终于被埋没掉了；贝尔发明了电话后，起初也不被理睬和相信，但是他信心十足，不断利用各种机会广泛宣传，终于把电话推广开来。其他如萧伯纳、门捷列夫、居里夫人、诺贝尔等，都是靠自信获得成功的典范。

自信是成功的基石，不放弃自信是成功的支撑与保障。自助者天助之。相信自己的人，才能战胜挑战；相信自己的人，才能在生命的沼泽中发现机遇之路。

恒心获取机遇

在攀登高峰的道路上，如果遇到丛生的荆棘，你就必须有岩石的意志；在跋涉的绵延长途中，如果遇到冷落的荒漠，你就必须有骆驼的耐力；在战胜困难的机会面前，你就必须有老鹰的敏锐。

1864年9月3日这天，寂静的斯德哥尔摩市郊，突然爆发出一阵震耳欲聋的巨响，滚滚的浓烟霎时间冲上天空，一股股火焰往上蹿。仅仅几分钟时间，一座工厂已荡然无存，无情的大火吞没了一切。

火场旁边，站着一位三十多岁的年轻人，突如其来的惨祸和过分的刺激，已使他面无人色，浑身不住地颤抖着……这个大难不死的青年，就是后来闻名于世的弗莱德·诺贝尔。诺贝尔眼睁睁地看着自己所创建的硝化甘油炸药的实验工厂化为灰烬。人们从瓦砾中找出了五具尸体，其中一个是他正在大学读书的活泼可爱的小弟弟，另外四人也是和他朝夕相处的亲密助手。五具烧得焦烂的尸体，令人惨不忍睹。诺贝尔的母亲得知小儿子惨死的噩耗，悲痛欲绝。年老的父亲因太受刺激引起脑溢血，从此半身瘫痪。然而，诺贝尔在失败和巨大的痛苦面前却没有动摇。

惨案发生后，警察当局立即封锁了出事现场，并严禁诺贝尔恢复自己的工厂。人们像躲避瘟神一样避开他，再也没有人愿意出租土地让他进行如此危险的实验。困境并没有使诺贝尔退缩，几天以后，人们发现，在远离市区的马拉仑湖，出现了一只巨大的平底驳船，驳船上并没有装什么货物，而是摆满了各种设备，一个青年人正全神贯注地进行一项神秘的实验。他就是在大爆炸中死里逃生、被当地居民赶走了的诺贝尔！大无畏的勇气往往令死神也望而却步。在令人心惊胆战的实验中，诺贝尔没有连同他的驳船一起葬身鱼腹，而是碰上了意外的机遇——他发明了雷管。

雷管的发明是爆炸学上的一项重大突破，随着当时许多欧洲国家工业化进程的加快，开矿山、修铁路、凿隧道、挖运河都需要炸药。于是人们又开始亲近诺贝尔了。

他把实验室从船上搬迁到斯德哥尔摩附近的温尔维特，正式建立了第一座硝化甘油工厂。接着，他又在德国的汉堡等地建立了炸药公司。一时间，诺贝尔生产的炸药成了抢手货，源源不断的订单从世界各地纷至沓来，诺贝尔的财富与日俱增。

　　然而，获得成功的诺贝尔并没有摆脱灾难。不幸的消息接连不断地传来：在旧金山，运载炸药的火车因震荡发生爆炸，火车被炸得七零八落；德国一家著名工厂因搬运硝化甘油时发生碰撞而爆炸，整个工厂和附近的民房变成了一片废墟；在巴拿马，一艘满载着硝化甘油的轮船，在大西洋的航行途中，因颠簸引起爆炸，整个轮船全部葬身大海……一连串骇人听闻的消息，再次使人们对诺贝尔望而生畏，甚至把他当成瘟神和灾星。如果说前次灾难还是小范围内的话，那么这一次他所遭受的已经是世界性的诅咒和驱逐了。诺贝尔又一次被人们抛弃了，不，应该说是全世界的人都把自己应该承担的那份灾难给了他一个人。面对接踵而至的灾难和困境，诺贝尔没有一蹶不振，他身上所具有的毅力和恒心，使他对已选定的目标义无反顾，永不退缩。在奋斗的路上，他已习惯了与死神朝夕相伴。

　　炸药的威力曾是那样不可一世，然而，大无畏的勇气和矢志不渝的恒心最终激发了他心中的潜能，最终征服了炸药，吓退了死神。诺贝尔赢得了巨大的成功，他一生共获专利发明权355项。他用自己的巨额财富创立的诺贝尔科学奖，被国际科学界视为一种崇高的荣誉。

　　诺贝尔成功的经历告诉我们，恒心是实现目标过程中不可缺少的条件，恒心是发挥潜能的必要条件。恒心与追求结合之后，就形成了百折不挠的巨大力量。

机遇不信赖消极的人

用悲观消极的思考方式来审视自己的未来道路的人，总是对自己所处的环境满腹牢骚。他看不到自己发展的道路，就不敢向前走一步，他对时代、对人生、对自己充满了怀疑，在愤怒和绝望中白白浪费自己的时间和精力。消极的人只看见他的错误和弱点，人往往被自己打倒。消极使人生蒙上阴影，自卑使人恐惧，孤独让人灵魂死寂，优柔寡断使人百无一成，自暴自弃使人弃掷宝贵的生命。世上从来就没有什么救世主，唯有你自己才是人生的主宰，只有自己才能拯救自己。机遇远离悲观、躲避消极。

机遇远离恐惧

有很多成功的人也像一般人那样，一遇到某些情况就会感到恐惧和害怕，不同的是，他们想出了一套有效的办法来克服。

恐惧使许多人无法履行自己的义务，因为恐惧消耗他们的精力，损害和破坏他们的创造力。身存恐惧弱点的人是无法充分发挥其应有才能的。如果处境困难，他就会束手无策；如果焦虑不安，他只会使自己无法做得最好。

一位以美丽著称的女演员曾经说过：任何想变漂亮一些的人绝对不可以恐惧和忧虑。恐惧和忧虑意味着所有美丽的毁灭、消亡和破坏，意味着丧失活力，无精打采，意味着多愁善感，意味着无休无止的灾难。不要介意发生的事情，一个女演员绝对不可以忧虑。一旦她懂得这一点，那她就已经驶进了那条保持美丽容颜的高速公路的入口。

恐惧使创新精神陷于麻木。恐惧毁灭自信，导致优柔寡断。恐惧使我们动摇，不敢开始做任何事情。恐惧还使我们怀疑和犹豫。恐惧是能力上的一个大漏洞。有许多人把他们一半以上的宝贵精力浪费在毫无益处的恐惧和焦虑上面了。

勇敢的思想和坚定的信心是治疗恐惧的天然药物。勇敢和信心能够中和恐惧思想，如同化学家通过在酸溶液里加一点碱，就可以破坏酸的腐蚀力一样。当人们心神不安时，当忧虑正消耗着他们的活力和精力时，他们是不可能获得最佳效率的，他们是不可能事半功倍地将事情办好的。忧虑、愤怒和苦恼的人无法做到思维活跃、思路清晰。

初学游泳的人，站在高高的水池边要往下跳时，都会心生恐惧，如果壮大胆子，勇敢地跳下去，恐惧感就会慢慢消失，反复练习后，恐惧心理就不再存在了。

有一个作家对创作抱着极大野心，期望自己成为大文豪。

美梦未成真前，他说："因为心存恐惧，眼看着一天过去了，一星期、一年也过去了，仍然不敢轻易下笔。"另有一位创作家说："我把重点放在如何使我的心力有技巧、有效率地发挥，在没有一点灵感时，也要坐在书桌前奋笔疾书，像机器一样不停地动笔。不管写出的句子如何杂乱无章，只要手在动就好了，因为手动能带动心动，会慢慢地将文思引导出来。"

许多人遭到失败，是因为他们总是喜欢停下来询问自己最终结果将会怎样，他们将来是否能取得成功。这种不断对事情结果的询问导致了恐惧的产生，而恐惧对取得成功来说则是致命的。成功的秘诀在于集中心志，而任何一种担忧或恐惧都不利于集中心志，并且还会毁灭人的创造力。当整个心态思想随着恐惧的心情而起伏不定时，干任何事情都不可能收到功效。恐惧的人容易错失机遇，机遇远离恐惧。

消除自卑，与机遇相约

如果你选择冒险，并勇敢地面对，不但会获得成功，还会从中受益匪浅，甚至可以改变你自卑、懦弱的性格，从而使你获得重生的机会。

黛比·菲尔茨出生在一个有很多兄弟姐妹的大家庭。从小她就非常渴望得到父母亲的赞扬和鼓励，但是由于孩子多，她的父母根本就顾不上她。这种经历使得她长大成人后依然缺少自信心。她后来嫁给一个非常成功的高级管理人员，但美满的婚姻并没有能改变她缺乏自信的心态。当她与朋友出去参加社交活动时总是显得很笨拙，唯一使她感到自信的地方和时间是在厨房里烤制面包的时候。她非常渴望成功，但是鼓起勇气从家务中走出去，做出决定去承担具有失败风险的羞辱，对她来说是想也不敢想的事情。随着时间的推移，她终于认识到自己要么停止成功的梦想，要么就鼓起勇气去冒一次险。

黛比这样讲述自己的经历：我决定进入烹饪行业。我对我的妈妈爸爸以及我的丈夫说："我准备去开一家食品店，因为你们总是告诉我说我的烹饪手艺有多么了不起。"

"噢，黛比。"他们一起惊叫道，"这是一个多么荒唐的主意，你肯定是要失败的。这事太难了。快别胡思乱想了。"他们一直这样劝阻她，说实话，她几乎相信他们说的。但是更重要的是她不愿意再倒退回去，再像以往那样犹犹豫豫地说"如果真的出现……"

她下决心要开一家食品店。她丈夫始终反对，但最后还是给了她开食品店的资金。食品店开张的那一天，竟然没有一个顾客光临。黛比几乎被冷酷的现实击垮了。她冒了一次险，并且使自己身陷其中，看起来她是必败无疑了。她甚至相信她的丈夫是对的，冒这么大的险是一个错误。但是人就是这样，在你已经冒了第一个很大的险以后，再去面对风险就容易得多。

黛比决定继续走下去。一反平时胆怯羞涩的窘态，黛比端着一盘刚烘制的热烘烘的食品在她居住的街区，请每一个过往的人品尝。这使她越来越自信：所有尝过她的食品的人都认为味道非常好。人们开始接受她的食品。今天，"黛比·菲尔茨"的名字在美国数以百计的食品商店的货架上出现。她的公司"菲尔茨太太原味食品公司"是食品行业最成功的连锁企业。今天的黛比·菲尔茨已经成了一个浑身都散发出自信的人！

懦弱者与机遇无缘

懦弱的人害怕压力，因而他们也害怕竞争。在对手面前，他们往往不善于坚持，而选择回避或屈服。懦弱者对于自尊并不忽视，但他们常常更愿意用屈辱来换回安宁。

懦弱者常常害怕机遇，因为他们不习惯迎接挑战。他们从机遇中看到的是忧患，而在真正的忧患中，他们又看不到机遇。

懦弱者不善冲突，因而他们也害怕刀剑，进攻与防卫的武器在他们的手里捍卫不了自身。他们当不了凶猛的虎狼，只愿做柔顺的羔羊，而且往往是任人宰割的羔羊。

懦弱总会遭到嘲笑，而一旦遭到嘲笑，懦弱者会变得更加懦弱。

懦弱者经常自怜自卑，他们心中没有生活的高贵之处，宏图大志是他们眼中的浮云，可望而不可即。

懦弱通常是恐惧的伴侣，恐惧加强了懦弱，它们都束缚了人的心灵和手脚。

懦弱者常常会品尝到悲剧的滋味。中国历史上南唐后主李煜性格懦弱，终于没能逃脱沦为亡国之君、饮鸩而死的悲惨命运。

宋太祖赵匡胤肆无忌惮、得寸进尺地威胁欺压南唐。镇海节度使林仁肇有勇有谋，闻宋太祖在荆南制造了几千艘战舰，便向李后主禀奏，宋太祖是在图谋江南。南唐爱国人士获知此事后，也纷纷向李后主奏请，要求前往荆南秘密焚毁战舰，破坏宋朝南犯的计划。可李后主却胆小怕事，不敢准奏，以致失去了防御宋朝南侵的良机。

南唐国灭，李后主沦为阶下囚，其妻小周后常常被召进宋宫，侍奉宋皇，一去就得好多天才能放出来，至于她进宫到底做些什么，作为丈夫的李后主一直不敢过问。只是小周后每次从宫里回来就把门关得紧紧的，一个人躲在屋里悲悲切切地抽泣。对于这一切，李煜忍气吞声，把哀愁、痛苦、耻辱往肚里咽，忍无可忍时，就写些诗词，聊以抒怀。

李煜虽然在诗词上极有造诣，然而作为一个国君、一个丈夫，他是一个懦夫，是一个失败者。

美国最伟大的推销员弗兰克说："如果你是懦夫，那你就是自己最大的敌人；如果你是勇士，那你就是自己最好的朋友。"对于胆怯而又犹豫不决的人来说，一切都是不可能的。事实上，总是担惊受怕的人，就不是一个自由的人，他总是被各种各样的恐惧、忧虑包围着，看不到前面的路，更看不到前方的风景。正如法国著名的文学家蒙田所说："谁害怕受苦，谁就已经因为害怕而在受苦了。"懦夫怕死，但其实，他早已经不再是活着的人了。

犹豫不决只能错失机遇

把今天应该做的事情拖延到明天去做，结果往往是明天也做不到。

有这样一则寓言：一头驴在两垛青草之间徘徊，欲吃这一垛青草时，却发现另一垛青草更嫩更有营养，于是，驴子来回奔波，没吃上一根青草，最后饿死了。驴子饿死，是因为它把大部分的精力花在考虑该吃哪一垛草上，而没有去实践吃草。

也许有人认为，我们人比驴子聪明多了，不会犯驴子一样的错误。果真如此吗？答案是否定的。

有一个故事，说的是一个父亲试图用金钱赎回在战争中被敌军俘虏的两个儿子。这个父亲愿意以自己的生命和一笔赎金来救儿子。但他被告知，只能以这种方式救回一个儿子，他必须选择救哪一个。这个慈爱而饱受折磨的父亲，非常渴望救出自己的孩子，甚至不惜付出自己的生命，但是在这个紧要关头，他无法决定救哪一个孩子、牺牲哪一个。这样，他一直处于两难选择的巨大痛苦中，结果他的两个儿子都被处决了。

歌德曾经说过，犹豫不决的人永远找不到最好的答案，因为机会会在你犹豫的片刻失掉。所以我们必须抛弃掉犹豫不决的习惯，即使是处在混乱中，也必须果断地做出自己的选择。

在圣皮埃尔岛发生火山爆发大灾难的前一天，一艘意大利商船奥萨利纳号正在装货准备运往法国。船长马里奥敏锐地察觉到了火山爆发的威胁。于是，他决定停止装货，立刻驶离这里。但是发货人不同意，他们威胁说现在货物只装载了一半，如果他胆敢离开港口，他们就去控告他。但是，船长的决心却毫不动摇。发货人一再向船长保证培雷火山并没有爆发的危险。船长坚定地回答道："我对于培雷火山一无所知，但是如果维苏威火山像这个火山今天早上的样子，我一定要离开那不勒斯。现在我必须离开这里，我宁可承担货物只装载了一半的责任，也不继续冒着风险在这儿装货。"

24 小时后，发货人和两个海关官员正准备逮捕马里奥船长，培雷火山爆发了，圣皮埃尔全城毁灭，他们全都死了。这时候奥萨利纳号却安全地航行在公海上，向法国前进。

　　试想一下，如果马里奥船长迟疑不决的话，那么他会得到什么样的结局呢？毫无疑问，同火山一起毁灭。在一些必须做出决定的紧急时刻，你就不能因为条件不成熟而犹豫不决，你只能把自己全部的理解力激发出来，在当时情况下做出一个最有利的决定。当机立断地做出一个决定，你可能成功，也可能失败，但如果犹豫不决，那结果就只剩下了失败。所以，我们要努力训练自己在做事时当机立断，就算有时会犯错，也比那种犹豫不决、迟迟不敢做决定的习惯要好。

　　成千上万的人虽然在能力上出类拔萃，但却因为犹豫不决的行动习惯错失良机而沦为平庸之辈。

第二章　把准机遇的脉搏

　　希望冲破人生难关的人不应等待机遇，而应寻找并抓住机遇，把握机遇，征服机遇，让机遇成为服务于他的奴仆。换句话说，任何机遇都可以是他们手中的"金钥匙"。

　　在这个世界上生存本身就意味着上帝赋予了你奋斗进取的特权，你要利用这个机遇，充分施展自己的才华，去追求成功，那么这个机遇所能给予你的东西要远远超越它本身。

发现机遇你才能成功

　　我们常说要善于利用机会，当机会真正来到你的面前，你怎么去发现呢？你靠什么来判断它是不是真正的机会呢？靠的是优秀的触觉。如果你没有敏感的触觉，机会就会与你失之交臂。

　　有一位年轻人，想发财想得发疯。一天，他听说附近深山里有位白发老人，若有缘与他相见，则有求必应，肯定不会空手而归。于是，那年轻人便连夜收拾，赶上山去。

　　他在那儿苦等了五天，终于见到了那个传说中的老人，他向老者求教。

老人告诉他说："每天清晨，太阳未升起时，你到海边的沙滩上寻找一粒'心愿石'。其他石头是冷的，而那颗'心愿石'却与众不同，握在手里，你会感到很温暖而且还会发光。一旦你寻到那颗'心愿石'后，你所希望的东西就可以得到了！"

此后每天清晨，那位年轻人便在海滩上捡石头，捡到不温暖又不发光的，他便丢下海去。日复一日，月复一月，年轻人在沙滩上寻找了大半年，却始终也没找到温暖且发光的"心愿石"。

有一天，他与往常一样，在沙滩开始捡石头。一发觉不是"心愿石"，他便丢下海去。一粒、两粒、三粒……

突然，年轻人大哭起来，因为他突然意识到：刚才他习惯性地扔出去的那块石头是"温暖"的……当机会到来时，如果你麻木不仁，就会和它失之交臂。

世界上的任何一种潮流或者趋势，都有一定的先兆。如果我们有敏锐的发现机遇的触觉，我们就能从现在的事态发展中预测出未来的巨大商机。

在美国，有个年轻人由于长期受到老板的戏谑、同事的嘲讽，这让他十分沮丧，情绪一度低落、压抑，到了最后竟然得了忧郁症，为此，他不得不去看心理医生。

医生给了他一个奇怪的建议，他说："如果你想发泄你心中的怒火，我们会给你提供一项特殊的服务，你只需要20美元就可以获得一次发泄的机会，我们玩一个'报复者'游戏，你可以随便打我，直到你认为满意了为止。"

这个年轻人觉得很奇怪，但是也觉得很有趣，虽然他没有去打这个医生发泄，但这却给了他某种灵感。他想原来打人、甚至发泄也可以赚到钱，于是他就找了做玩具的朋友说了自己的主意：是否可以做一种让人们发泄的玩具？让那些在现实生活中受到各种难以忍受的压力、想发泄而又不能直截了当地发泄的人得到满足。

这个主意得到了朋友的赞许，于是两个人合力研究出了一种"报复者"玩具，玩具一上市，果然受到不少人的青睐，销路出奇的好。他们又开设了一家专门供人们泄愤的"发泄中心"，"中心"里面摆放着各种各样的供人们击打、翻滚、怒吼的假想对手。只要你关上门任由发泄，直至筋疲力尽、闷气泄尽为止。生意十分兴隆。

一次偶然的看病机会，给了这个年轻人无限的灵感，拨动了他敏锐的触觉。因为他知道，像他这样的每天都在紧张繁重的生活中的人很多，他们需要放松自己，而不是每天都在压力中度过。

有些人天生就有一种敏锐的触觉，与生俱来地有一种观察的兴趣和能力，他们很在乎身边人的一言一行，把观察当做一种随心所欲的事情来看待，而不是把它当做一种责任。

而对于那些天生不敏感的人，只要我们有心做一个具有敏锐触觉的人，只要我们在后天的实践活动中不断培养，也是一样可以形成这种敏感度的，任何人只要勤奋努力就能拥有。拥有了敏锐的触觉，我们创业的步伐就会加快，我们离成功的彼岸就会更近。

敏锐的触觉是一点也马虎不得的，对于一个急切盼望成功的人来说尤其重要。当你想在一个领域内有所作为，那么首先这个领域内要有很大的市场需要，你的事业就成功了一半。敏感型性格的人，往往就具有这种常人所没有的敏锐观察力，他们的财运也因此比别人来得早。

注意观察，发现机遇

罗丹说："生活并不缺少美，而是缺少发现美的眼睛。"同样，生活中并不缺少机遇，而是缺少发现机遇、抓住机遇的眼光。如果有了洞察机遇的能力，即使生活中没有机遇，也能创造机遇。

愚者错失机会，智者抓住机会，成功者创造机会。

有个住在田纳西的犹太人，全家去佛罗里达旅行度假。在路上，他发现旅行者们很难找到一个能够为整个家庭提供高质量服务和充分便利的汽车旅馆。回到家之后，他找到一个朋友，告诉他建立一个新的汽车旅馆连锁网的想法，并把重点放在具有一种家庭气氛的优质服务上。他们从家乡田纳西开始建立第一家汽车旅馆做起，在不到 10 年的时间里，就建立起一个国际性的汽车旅馆网络，比他们所有的竞争对手加在一起还要庞大。

一次不愉快的度假经历，使机会浮出了水面，而这位犹太人发现并抓住了这个机会，成为美国乃至全世界最大的汽车旅馆集团的总裁。

要抓住机遇，首先必须发现机遇。生活中处处充满机遇。

社会上的每一项活动、报刊上的每一篇文章等等，都可能给你带来新的感受、新的信息，全都可能是一次引导你走向成功的契机，问题在于你自身的眼光是否能发现每一次机遇。不要以为机遇难寻，其实现实生活中的许多机遇就在你的身边，就看你能否去发现。

奥纳西斯是一个不甘寂寞的人，在具备了一定的实力之后，他辞掉了工作，一个人出来闯天下了。经过仔细认真的观察，奥纳西斯敏感地察觉到可以在希腊香烟上大做文章。由于南美洲的香烟烟味比较浓烈，没有希腊香烟那么柔和，这使得许多居住在阿根廷的希腊人都抽不惯。而当时市场上却很少有人经营希腊香烟，所以很多人都托人从希腊往这儿带烟。奥纳西斯认为在这方面进行垄断，肯定会收益无穷。于是，他马上着手准备各项事宜。结果，他垄断了阿根廷的希腊香烟的销售，很快成为了百万富翁。

在 19 世纪中叶，美国加利福尼亚州传来了发现金矿的消息。

许多人为这一个难得的良机纷纷向加州奔去……一场淘金热在美国西部掀起了。

在涌向西部淘金的人流中，有一个叫亚默尔的 17 岁的农夫，他历尽千辛万苦赶到加利福尼亚，投入了淘金的大潮。一晃一个月过去了，他同多数人一样，连一克金子也没挖到。亚默尔倒在一群在沙地上歇息的淘金者中间，劳累和失望使他只想痛痛快快地睡上一觉。

这时，他耳边响起了嘀嘀咕咕的怨声：

"谁让我喝一壶凉水，我情愿给他一块金币。"

"谁让我痛饮一顿，龟孙子才不给他两块金币！"

"谁给我一碗水，老子出三块金币！"

随后，是一串沉重而又无可奈何的长长的叹息……

淘金梦是美丽的，西部艰苦的生活却让人难以忍受，特别是这里气候十分干燥，水源奇缺，没有水喝是淘金人最痛苦的一件事。

小亚默尔静静地躺着，仔细地听着人们的抱怨。突然，他产生了一种想法：如果能想办法搞到水并卖给这些渴得要命的人们，岂不是可以更快地赚到钱吗？于是，他毅然放弃找矿，将手中的铁锨由掘金矿变成挖水渠。他把河水从远方引进水池，经过细沙过滤，成为清凉可口的饮用水，然后将水装在桶里，再一壶一壶地卖给淘金人。

当时有人嘲笑他胸无大志："千辛万苦赶到加州来，不去挖金子发大财，却做这种蝇头小利的买卖。这种生意在哪里不能干，何必老远跑到这里来？"对此，亚默尔毫不介意，继续卖他的饮用水。结果，许多人深入矿山空手而回，有些人甚至忍饥挨饿，流落异乡。而亚默尔却在很短的时间内，靠卖水赚到了6000美元。在当时，这可是一笔可观的收入了。

挖掘金矿是显在的机遇，追逐显在机遇的人多，但能抓住机遇的人很少，就像能找到金矿的人毕竟是少数。人们在"渴望"中埋怨，使亚默尔从显在的机遇中发现了潜在的机遇：卖水比淘金更能赚钱。从亚默尔的成功中，可以看出，成功者善于发现机遇，这是成功之道。

打破常规，机遇就在眼前

法国农学家奥瑞·帕尔曼特被德国人抓去做了俘虏。在集中营里，他曾经品尝过马铃薯，自认为其味甘美。后来获释回到法国，决定在自己的家乡种植马铃薯。当时有不少的法国人都非常反对，尤其是那些宗教迷信者，把马铃薯视为"鬼苹果"，医生们也普遍认为马铃薯对人身体有害，连一些农学家也断言：种植马铃薯会导致土地贫瘠。

帕尔曼特怎么也说服不了他们。怎样才能使马铃薯顺利地推广起来呢？1789年，帕尔曼特得到国王的特别许可，在一块非常低产的地方栽种了马铃薯。春去秋来，快到马铃薯成熟时，帕尔曼特向国王请求，派一支身穿仪仗队服的国王卫队来看守这片马铃薯，当然是白天看守，晚上就撤回去了。这样一来，马铃薯成了国王卫队保卫的"禁果"。对此人们感到奇怪，而且经不起诱惑，每天晚上都有人悄悄跑来，偷挖这些"禁果"。大家尝到马铃薯的美味后，又偷出一些"禁果"把它移植在自己的菜园里。

于是，马铃薯便在法国推广开来。

法国著名女高音歌唱家玛·迪梅普莱，有一座非常漂亮的园林，山清水秀，林木葱郁，流水潺潺，鸟鸣啾啾，好一派迷人景象。为此，引来不少人来这里度周末、采鲜花、采蘑菇、捉蟋蟀、观月亮、数星星，有的甚至燃起篝火，一边野餐，一边唱歌跳舞，余兴未尽者，干脆搭起帐篷，彻夜狂欢。因此，常常把园林搞得一片狼藉，肮脏不堪。束手无策的老管家，只得按迪梅普莱的指令，在园林的四周围搭起篱笆，竖起"私家园林，禁止入内"的警示牌，并派人在园林的大门处严加看守，结果仍然无济于事，许多人依然通过各种途径用极其隐蔽的方式潜进去，令人防不胜防。后来管家只得再行请示，请主人另想良策。迪梅普莱恩沉思良久，猛地想起，园林中不是经常有毒蛇出没吗？直接禁止游人入内不见成效，何不利用毒蛇做篇文章呢？她叫管家雇人做了一些大大的木牌立在园林的显眼处，上面醒目地写明："请注意！你如果在林中被毒蛇咬伤，最近的医院距此15公里，驾车需半小时。"从此以后，闯入她园林的人便寥寥无几了。

从上面两个实例中我们可以看出，帕尔曼特推广马铃薯的种植也好，迪梅普莱禁止游人进入她的园林也好，"常规性的措施"已完全不起作用，只有采取借助其他因素，迂回曲折地走一下弯路，才能用巧妙的办法解决问题。

对于非常强大的敌人或障碍，如果我们没有必需的条件和足够的力量去打垮它，只是一味地直线前进，盲目蛮干，那是一勇之夫所为，轻则徒劳无功，重则头破血流，丢盔卸甲，甚至惨败。反过来我们动动脑筋，变换一下思路，不去向强敌直接挑战，不去触动和攻击障碍本身，而是采取避实击虚、避重及轻的迂回方式，先去解决与它发生密切关系的其他因素，最后使它不攻自破或不堪一击，这样令"樯橹灰飞烟灭"，比起硬碰硬的真打实敲，岂不更加得意？对于问题，根据具体情况做具体的分析研究，该勇往直前的就义无反顾地冲上去，但面临一些在当时情况下，我们无条件、无力量解决的问题时，我们可以理智地避其锋芒，"绕道而行"，不争一时之气。取得最终的胜利才是根本，笑到最后的才是真正的笑。

学会从生活中发现机遇

事实上，促使成功的机会，通常是我们身边的平淡无奇、貌不惊人的小事，不惹人注意。如果我们不用心去寻找，恐怕就不会意识到一部歌剧、几句对话、一次旅行、一次失手、一次偶然的事情等等可能带给我们一次次机遇。

从小事中发现机遇

人总是关注远方而忽视脚下。他们总是抱怨命运不公，没有给予他们获取财富的机会，孰不知，财富其实刚刚从他们身边溜走。每一个欲拥有财富的人必须对财富有着敏锐的触角，对财富敏感的最大表现便是具有洞察财富的能力，能快速感知外界的变化，尤其善于捕捉每一丝商机。

有一个山东人，一次偶然在报上看到一篇中国留学生介绍法国留学生活的文章，中间提了一句，第一次见房东老太太时给了她一条抽纱桌布，老太太爱不释手，并把这条美丽的桌布展示给每一位拜访的客人看，在她的朋友圈中引起了轰动，结果许多人都托这位留学生回国买抽纱产品。山东正是出产抽纱的地方，这位山东人看了文章后灵感迸发，立刻给一位在法国的朋友打电话，委托这位朋友寻找市场，自己在国内挂靠了一家有出口权的公司，联系了一批工艺精良的抽纱厂家，就这样做起了抽纱出口生意，当年就赚了上百万。

对财富的敏感还包括不忽视"小钱"。许多人总寄希望于一夜暴富，事实上这种机会不比流星砸中头大，如果一味等待暴富的机会，那么最终你将一无所有。

一对一穷二白的温州小夫妻到北京创业，没有任何特长，但他们善于用耳朵、用眼睛去发现商机。一段时间后，他们看到了一个小门道：快递业的门对门服务。北京有许多小快递公司因人力财力的限制只负责城市间货物对接，门对门服务并没有开展，而这正是顾客所需要的，市场潜力较大。夫妻俩找到一家快递公司提出承接在北京市内的上门接送货物业务，几番谈判，快递公司同意了。于是夫妻俩一人买了张地铁月票，买了两辆旧自行车放在一些较大的地铁站口，每天先坐地铁再骑自行车接送货物。过不多久，他们又联系了好几家快递公司，招聘了一些员工，将几家公司一条路线上的货拼在一起接送。现在他们一年纯利能赚几十万，下一步准备自己开通北京——温州间的门对门货物专递。

有许许多多成功的范例，都是由现实生活中小事所触发的灵感引起的。

有位女士回到家，想把衣领取下来，但是领子上的纽扣卡在扣眼里了。她把纽扣拽出来，说："我要发明更好的东西系在衣领上。"她丈夫嘲笑说："你发现需要发明更好更方便的系衣领的东西，这是人类的机遇，这是巨大的财富。那么，你就发明一种新的纽扣吧，你会成功地抓住机遇的。"

当丈夫嘲笑这位女士的时候，她下定决心要发明更好的衣领纽扣。

正是这位英格兰的女人发明了现在随处可见的按扣。要想解开衣服，把扣子扯开就可以了。这种纽扣的发明者还发明了另外几种不同的纽扣，并且投入了更多的资金。于是，有一些大厂家闻讯后便与她合作。

如今，这个女人每年夏天都与她丈夫一起乘坐自己的私人汽船到海上旅行。

这些事都说明机遇离我们太近了，可是我们却从它的上边看过去因而忽视了它；这个女人不得不从它的上方看过去，因为她的机遇就在颈下。

如果你对一生的成就尚未有具体的计划，那么，别再耽误了！当你用内心渴望确定追求目标之时，没有任何事能阻碍你！别蹉跎岁月，也别期望成功自然发生，当你确定自己所要的是什么，命运才会同意你的要求，而不是空等就能成功的。

从问题中寻找机遇

一次机遇来源于一个发现。在发现问题解决问题中有心人就能发现机遇、抓住机遇。

琴纳生于 1749 年，原来是英国的一位乡村医生。他长期生活在乡村，对民间疾苦有深切的了解。当时，英国的一些地方发生了天花病，夺走了成千上万儿童的生命，却没有治天花的特效药。琴纳亲眼看到许多活泼可爱的儿童染上天花，不治而亡，他心里十分痛苦。自己作为一名救死扶伤的医生，眼睁睁看着这些染病的儿童死去，他也因此深感内疚，心里萌生了要制服天花的强烈愿望，时刻留心寻找对付天花的办法。

有一次，琴纳到了一个奶牛场，发现有一位挤奶女工因为从牛那儿传染过牛痘病以后就从来没有得过天花，她护理天花病人，也没有受到传染。琴纳像发现了新大陆一样兴奋不已，他联想到这样一个问题——可能感染过牛痘的人，对天花具有免疫力。琴纳思索到此，不禁连声在心里问自己："为什么感染过牛痘的人就不会得天花？牛痘和天花之间究竟有什么关系？"他进一步大胆设想："如果我用人工种牛痘的方法，能不能预防天花？"他隐约感觉到自己已经找到了解决问题的突破口了。

沿着这条思路，琴纳开始了大胆的试验。他先在一些动物身上进行种牛痘的试验，效果十分理想，这些动物身上没有不良反应。接下来，就要在人身上进行试验。在人身上接种牛痘，这是前人没有做过的事，谁也不敢保证不出问题，是要冒很大风险的。那么，到底选谁来做第一个试验呢？在这关键时刻，琴纳表现出可贵的牺牲精神——做试验的人必须是儿童，琴纳自己不合要求了，便要自己的亲生儿子来充当第一个试验者。他为了让成千上万的儿童不再受天花之灾，顶住一切压力，在当时还只有一岁半的儿子身上接种了牛痘。接种过后，儿子反应正常，但是，为了要证明小孩儿是否已经产生了免疫力，还要再给孩子接种天花疫苗。如果孩子身上还没有产生免疫力，那么琴纳亲生的小儿子也许就会被天花夺去生命。但是，为了世上千千万万儿童能健康成长，琴纳把一切都豁出去了。两个月后，他又把天花病人的天花疫苗接种到儿子身上。幸好孩子安然无恙，没有感染上天花。这说明：孩子接种牛痘后，对天花具有免疫力，试验成功了！

从此以后，接种牛痘防治天花之风从英国迅速传播到世界各地，肆虐的天花遇到了克星，到1979年，天花病就在地球上绝迹了。琴纳——这位普通平凡的乡村医生的发明拯救了千千万万人的生命。18世纪末，在法国巴黎，无限感激的人们为他立了塑像，上面雕刻了人们发自内心的颂词："向母亲、孩子、人民的恩人致敬！"

的确，很多人的成功源于专门去发现问题。对这种人来说，没有问题就没有机遇；发现了问题，就创造了机遇。

日本一家制药公司找问题的方法，可以给我们以启示：点滴液是给衰弱病人的血管补充营养的药液，以前点滴液都是封在大大的玻璃瓶中，就像一支大号的安瓿。一旦病人需要输液，就由医护人员在玻璃瓶壁上划开一个小口子，将一根橡皮管插进去，再输液。每次都要在玻璃瓶壁上划开一个口子，非常不容易，使用起来要花半天时间来对付这个玻璃瓶。但点滴液是要输到病人的血管里去的，卫生程度要求非常高，千万不能为图方便而让细菌混到里面去。有没有一种办法，既保证了点滴液的卫生和安全，又便于医护人员快捷地使用呢？日本一家制药公司的经理瞄准了这个"不便之处"，他想：如果能够在点滴瓶上动点脑筋，一定会受到人们的欢迎……于是，他向全体员工发出命令："必须造出更便利的点滴瓶。"不久，有位年轻的职员向公司提出了自己的建议："能否在玻璃瓶的瓶口上加一个橡皮塞，要输液的时候，只要把针头从橡皮塞插进去，滴液就会从瓶中流出来。"公司对他的建议非常感兴趣，马上就把他的这项提议申报了专利，然后又制出成品，并大量推广。这项小发明如今已被全世界所采用，在任何医院都是用这种"可无菌使用的、且极其方便"的新式点滴瓶来"挂盐水"、"挂葡萄糖"。由于这项简单的专利适应面非常广，产品销量也就非常大，这家医药公司因此所获得的专利收入也非常可观，在"一夜"之间，由一个乡村的小作坊，发展成日本数一数二的大制药公司，扬名世界。

很多问题给平庸的人带来的是麻烦和痛苦，而让具有一双慧眼的人发现的是机遇和希望。

"意外"中蕴含机遇

生活当中常常有许多意外发生，只要你细心观察，意外中也蕴藏着很多的机遇。

威廉·宾达从前是个帮邻居做些杂务、赚些工资奉养卧病母亲的穷小子。有一次，人家送他母亲一些瓶装汽水，但由于盖子设计不良，打开一看，汽水都腐酸了。母亲的失望，深深击痛了他的心，使他下定决心，埋首研究改良瓶盖。他搜集各种各样的盖子，苦心研究，竟发明一种比当时汽水瓶盖的成本低廉三分之一的金属制的王冠瓶盖。这种垫有软木垫的王冠瓶盖，至今仍被饮料食品界广泛使用。

男士们常用的吉列刀片的产生，也缘于一次意外。

金·坎普·吉列从小就喜欢动脑筋，只要有趣的事情，都要加以研究。一次他奉命出差，为了赶上火车，他匆匆忙忙地用不锐利的剃刀刮胡须，结果，把脸刮破了好几处。

金·坎普·吉列站在镜子前面，眼看那鲜血淋漓的脸孔，不禁怒火中烧，但当他跳上火车时，他竟逸兴思飞了。"对啦！就是它，只要把它研究出来，一定会成功！"他像发现了新大陆似的喃喃自语，这时，他脑海中已浮现"保险刀"的发明题目。

出差回来之后，他马上到五金行去购买必要的工具。要使它不伤害脸部，必须使刀片不接触皮肤才行。他想：最好是用铁板把薄刀片夹紧，使它固定起来。但是，那样子却刮不到胡须。怎么办呢？对啦，在铁板上刻个像梳子一样能够诱入毛发的沟怎样？这是他一再思考后所获得的结论。

经过6年不懈的努力，终于完成现在这种优秀的"保险刮胡须刀"。今天，金·坎普·吉列的"保险刀"可以说已征服了世界。这项发明也使金·坎普·吉列获得巨大的财富。

处处留心皆机遇

有很多人抱怨现代社会机遇太少了。"年轻人的机遇不复存在了！"一位学法律的学生对丹尼尔·韦伯斯特抱怨说。"你说错了，"这位伟大的政治家和法学家答道，"最顶层总有空缺。"

没有机遇？没有机会？在这世界上，成千上万的孩子最终发财致富，卖报纸的少年被选入国会，出身卑微的人士获得高位。在这世界上，难道没有机会？卡耐基说，对于善于利用机会的人，世界到处都是门路，到处都有机会。我们未能依靠自己的能力尽享美好人生，虽然这种能力既给了强者，也给了弱者。我们一味依赖外界的帮助，即使本来就在眼前的东西，我们也要盯着高处寻找。那些失意的人，那些遭贬斥的人，可能认为机会永远失去了，自己永远也站不起来了。

许多人认为自己贫穷，实际上他们有许多机会，只是需要他们在周围和种种潜力中，在比钻石更珍贵的能力中发掘机会。据统计，在美国东部的大城市中，至少94%的人第一次挣大钱是在家中，或在离家不远处，而且是为了满足日常、普通生活的需求。对于那些看不到身边机会，一心以为只有远走他乡才能发迹的人，这不啻是当头一棒。不要等待千载难逢的机会，只有抓住平凡的机会才能使之不平凡。

只要你善于观察，你的周围到处都存在着机会；只要你善于倾听，你总会听到那些渴求帮助的人越来越弱的呼声；只要你有一颗仁爱之心，你就不会仅仅为了私人利益而工作；只要你肯伸出自己的手，永远都会有高尚的事业等待你去开创。

那些善于利用机会的人在发现机会与把握机会的时候如同撒下了种子，终有一天，这些种子会生根、发芽、结果，给他们自己或是别人带来更多的机会。每一位一步一个脚印、踏踏实实工作的人其实正在离知识与幸福越来越近，可供选择的道路也越来越宽，越来越平坦，也越来越容易往前走。

成功的机会是无限的。在每一个行业中，都有无数的机会足以去发明产品、改善制造和管理的过程，甚至去提供比竞争对手更优越的服务。但是，每个机会都是稍纵即逝的，除非有人抓住它，并善加利用。

每当面对难题时，不妨停下来问问自己："这个难题之下，可能藏有什么机会呢？"当你发现了机会，你就超越你的对手了。

克鲁姆是位美国印第安人，也是炸马铃薯片的发明者。1853 年，克鲁姆在萨拉托加市高级餐馆中担任厨师。一天晚上，来了位法国人，他吹毛求疵地总挑剔克鲁姆的菜不够味，特别是油炸食品太厚，无法下咽，令人恶心。

克鲁姆气愤之余，随手拿起一个马铃薯，切成极薄的片，骂了一句便扔进了沸油中，结果好吃极了。不久，这种金黄色、具有特殊风味的油炸土豆片，就成了美国特有的风味小吃继而进入了总统府，至今仍是美国国宴中的重要食品之一。

生活中有许多许多随处可见的机遇，即使是自己无意中的小主意有时也是机遇，当机遇来临时，你一定要留心，千万别放过它。

美国大西洋城有一位名叫尊本伯特的药剂师，煞费苦心研制了一种用来治疗头痛、头晕的糖浆。配方搞出来后，他嘱咐店员用水冲化，制成糖浆。

有一天，一位店员因为粗心出了差错，把放在桌上的苏打水当做白开水，没想到一冲下去，"糖浆"冒气泡了。这让老板知道可不好办，店员想把它喝掉，先试尝一下味道，还挺不错的，越尝越感到够味。闻名世界、年销量惊人的可口可乐就是这样发明的。

有时候，机遇会自己找上门来，就看你能不能发现。

日本大阪的豪富鸿池善右是全国十大财阀之一，然而当初他不过是个东走西串的小商贩。有一天，鸿池与他的佣人发生摩擦。佣人一气之下将火炉中的灰抛入浊酒桶里（川德末期日本酒都是混浊的，还没有今天市面上所卖的清酒），然后慌张地逃跑。第二天，鸿池查看酒时，惊讶不已地发现，桶底有一层沉淀物，上面的酒竟异常清澈。尝一口，味道相当不错，真是不可思议！后来他经过不懈的研究，认识到石灰有过滤浊酒的作用。经过十几年的钻研，鸿池制成了清酒，这是他成为大富翁的开端，而鸿池的佣人永远不能知道，是他给了鸿池致富的机会。

这样的例子还有很多，只要你善于观察，勤于思考，就会发现身边的机会很多。

住在纽约郊外的扎克，是一个碌碌无为的公务员，他唯一的嗜好便是滑冰，别无其他。纽约的近郊，冬天到处会结冰。冬天一到，他一有空就到那里滑冰自娱，然而夏天就没有办法去滑个痛快。去室内冰场是需要钱的，一个纽约公务员收入有限，不便常去，但呆在家里也不是办法，深感日子难受。

有一天，他百无聊赖时，一个灵感涌上来，"鞋子底面安装轮子，就可以代替冰鞋了。普通的路就可以当作冰场。"几个月之后，他跟人合作开了一家制造四轮滑冰鞋的小工厂。做梦也想不到，产品一问世，立即就成为世界性的商品。没几年功夫，他就赚进100多万。

机遇只垂青于那些勤于思考的人。不然，有那么多人刮胡子、用铅笔，而发明安全刀片、带橡皮头铅笔的却只有一个。

世事洞悉皆学问，人情练达即文章。金子就在自家门口，你只需勤于思考，勤于寻求，你的未来就不是梦。

拥有一个发现机遇的心

在这个世界上，到处都充满了机遇，无论你走到哪里，机遇随时都有可能来到你身边。你在学校或是大学里的每一堂课是一次机遇；每一次考试是你生命中的一次机遇；每一个病人对于医生都是一个机遇；每一篇发表在报纸上的报道是一次机遇；每一个客户是一个机遇；每一次布道是一次机遇；每一次商业买卖是一次机遇，是一次展示你的优雅与礼貌、果断与勇气的机遇，是一次表现你诚实品质的机遇，也是一次交朋友的好机遇；每一次对你自信心的考验都是一次机遇。前提是，你要用心去发现。

等待机遇莫如挖掘机遇

许多人认为自己贫穷，实际上他们有许多机遇使自己富有，只是需要他们在周围和种种潜力中，在比钻石更珍贵的能力中发掘机遇。据统计，在美国东部的大城市中，至少94％的人第一次挣大钱是在家中，或在离家不远处，而且是为了满足日常、普通的需求。对于那些看不到身边机会，一心以为只有远走他乡才能发迹的人，这不啻是当头一棒。不要等待千载难逢的机会，抓住平凡的机遇你就可能让自己不平凡。

比尔·盖茨教导自己的员工："只要你善于观察，你的周围到处都存在着机会；只要你善于倾听，你总会听到那些渴求帮助的人越来越弱的呼声；只要你有一颗仁爱之心，你就不会仅仅为了私人利益而工作；只要你肯伸出自己的手，永远都会有高尚的事业等待你去开创。""你见过工作勤奋的人吗？他应该与国王平起平坐。"孜孜不倦的富兰克林用他的一生对这句话做了最好的诠释，他曾经与五位国王平起平坐，曾经与两位国王共进晚餐。

尘世间有无数的工作在等人去做，而人类的本质是那么的特殊，哪怕是一句欢快的话语或是些许的帮助，都会有助于别人力挽狂澜，或是为他们的成功扫清道路。每个人的体内都包含了诚实的品质、热切的愿望和坚韧的品格，这些都让人们有成就自己的可能，人们的前方还有无数伟人的足迹在引导着、激励着人们不断前行，而且，每一个新的时刻都给人们带来许多未知的机遇。

不要等待机遇出现，而要创造机遇，就像拿破仑在近百种不可能的情况下为自己创造出了成功一样去创造机遇。要像战争或和平时期所有的伟大领导者一样，去创造出非常的机遇，直至达到成功。对懒惰者而言，即使是千载难逢的机遇也毫无用处，而勤奋者却能将最平凡的机遇变为千载难逢的机遇。

被动的等待，根本是浪费时间、错失良机的举动，这亦无异于把自己的命运交付给未可知的外力来决定。如果你面对失业，不要希望差事会自动上门，不要期待政府、工会打电话请你去工作，或期待曾把你解聘的公司会重新邀请你回来，天下没有这么好的事情。

太多的人终其一生在等待一个完美的机会自动送上门，以便他们可以拥有光荣的时刻。等到他们懂得，每一天的机会都属于那些主动找寻机会的人，那时已经太晚了！

纽约阿斯特家族财富的创始人约翰·雅克·阿斯特，一个借钱买船票渡过太平洋的身无分文的年轻人，凭借一条原则创造了阿斯特家族的奇迹。他曾经花钱购买了一家严重亏损的女帽专卖店，原先的店主哀叹生不逢时，遭遇了厄运。而阿斯特却不这样认为，他相信机遇，相信"世上无难事，只怕有心人"。

一天，他一个人来到公园，坐在树荫下的长椅上。一个女士挺胸抬头，吸引着许多游客的眼光，优雅大方地从他面前走过时，阿斯特就研究她的帽子，凭借眼力，记住了帽子的形状、花边的颜色和羽毛上的装饰。于是，他回到商店，对店员说："按照我的描述来做一顶帽子，摆在橱窗里，因为我已发现有位女士喜欢这样的帽子。"然后，他又回到公园，坐在长椅上，继续观察来来往往的女士。根据观察所得，吩咐店员们做出了一顶顶新颖别致的女帽。过了不久，顾客开始被吸引到他的店里来，这家商店就是纽约最兴隆的女帽和女服专卖店的前身。阿斯特用他的行动证明了这样一条原则：成功在于发现机遇。把握机遇在于迎合机遇，在于预知机遇。

机遇就在你心中

年轻人总是听人说："没有工作经验，我不能雇佣你。""但是年轻人怎样才能积累经验呢？"对于许多人来说，争取第一份正式的工作意味着守候在老板家门前的石阶上，等待他给你一个机会，或者想尽一切办法引起他的注意，竭尽全力使人觉得冒险雇佣你是值得的。

卡罗尔·钱宁在本宁顿大学攻读戏剧专业，她的志向是有朝一日能够登台表演。寒假期间，学校鼓励每个学生走出校园，到"真实"的世界里去找一份与所学专业有关的工作。卡罗尔北上纽约，直接找上了全美最知名的演出公司之一——威廉·莫里斯公司。这类公司通常只为凯瑟琳·赫本之流的大明星寻找演出机会，对于没有实际舞台经验的大学生则一律拒之门外。他们甚至不愿给卡罗尔一个尝试的机会。

然而，公司的女秘书犯了一个错误。卡罗尔留在等候室里没走，像是在等待好运从天而降。她坐在两个男演员之间，这时女秘书走了进来，用手一指，说道："你！"她指的究竟是谁呢？

卡罗尔心里明白她指的是另一个人，不过，她灵机一动，先跳了起来，很自信地走进了经理办公室。她唱了一首歌，可是经理毫无反应，于是她又唱了一首，这次经理站了起来要送她出去。见此情景，卡罗尔赶紧又唱起了第三首歌。"等一等，过去我奶奶常给我唱这首歌。"就这样，卡罗尔被录用了。

有一个在雪菲德裤袜公司工作的年轻人，他发现该公司的顾客大多以身材比较标准的女士为主，很少有体形肥胖的女士来购买裤袜。

这种现象很快引起了他的注意，于是他和几个同事进行了专门的市场调查。调查的结果中显示，有近40%的妇女在为自己特大的臀部而苦恼甚至自卑，调查中还发现这批女人都不穿裤袜，她们认为裤袜对遮掩大臀部无济于事。

于是他向公司提交了一份报告，建议能够生产适合体形较大的女士穿的裤袜。40%的妇女不穿裤袜是因为市场上的裤袜不适合她们穿。如果研制一种适合她们的特种裤袜，肯定令她们喜欢。

公司经过进一步的市场调研，认为不能放弃这么大一个市场，决定设计生产一种叫"大妈妈"的新型裤袜。结果，肥胖臀大的妇女穿上这种裤袜后一扫以前臃肿肥胖的形象，让她们充满了快乐和信心。投放市场不到一个月就收到7000多封赞誉信，受到肥胖女士的青睐，销路一直很好。这个市场的开拓很快奠定了雪菲德公司在特种裤袜行业的垄断地位。

这个有心的年轻人给公司提供了一个极为珍贵的建议，不仅公司的利润得到了很大的提高，同时自己也获得了公司的奖赏和别人的赞誉。这个年轻人其实也没有什么过人的地方，只不过他很注意留心身边的一举一动，发现了市场上的空白，从而获得了成功。

机遇总是照顾那些有心人，它总是在那些无意留心的人身边匆匆溜走。当然，有心还要有魄力和决心，假如你觉得这是一个机遇，却总是瞻前顾后，犹豫不决，生怕失败了会血本无归，那么，你怎样地期待机遇停留下来都是无济于事的。有些人认为，一些人之所以不能成功，并不是因为没有机遇，并不是得不到命运之神的垂青，而是因为他们太大意了。他们的大意使他们的眼睛浑浊而呆滞，因而机遇一次一次地从他们的眼前溜走而自己却浑然不觉。

点中机遇的"穴位"

机遇并不像你想象的那么坚强，有时候，你只要抓住机遇的窍门——它的"穴位"，便能轻松地"一招抢先"，牢牢地把握住机遇。

斯图亚特是纽约的一个穷孩子，最初开始谋生的时候只有150美分。做第一笔生意，他就赔了87. 5美分。第一次冒险就失败的男孩子，是多么不幸啊！他说："我再也不会在生意上冒险了！"他确实没有第二次冒险。那87. 5美分是怎样损失的呢？把这个故事说给大家听听。他买了一些针线和纽扣，可是没有人需要，于是这些东西滞留在他自己手里，白白地赔了钱。他说："我再也不会像这样丢一分钱。"然后他挨家挨户地询问人们需要什么，弄清楚之后，他用剩余的62. 5美分来满足这些需要。

无论你做什么生意、职业、家务乃至生活中的任何事，都应当研究一下对象的需求，这就是挑战机遇的奥妙。你必须首先知道对方的需求，然后才能投资到最需要的地方去。斯图亚特按照这种原则，赚了 4000 万美元。斯图亚特继续着他的伟大的事业，经营着在纽约创建的商店。他成功地创造机遇来自于一个重要的教训：必须将自己的钱投入到人们需要的事务中去。

所有的人，所有的厂家和商人，无论是制造商、经销商，还是工人，他们的工作都应以满足人们的需要为目的。这条原则适用于全人类。

有一个木匠失业了，十分穷困，他在家里懒散度日，直到有一天，妻子让他出去找工作。他听从了妻子的话，离开家。他坐在海湾的岸边，把一块浸湿的木片削成一个小木人。当天晚上，孩子们因小木人争吵起来，于是他又削了一个以使孩子们安静。当他正在削第二个小木人的时候，一个邻居来到他家，饶有兴趣地看了一会儿，对他说："你为什么不削玩具去卖呢？肯定能赚钱的。"

"噢，"他说，"我不知道该做些什么。"

"为什么不问问你家的孩子应该做什么呢？"

"那有什么用呢？"这位木匠说，"我的孩子和别人的孩子不一样。"

然而他还是接受了建议。第二天早上，女儿玛丽从楼上下来时，他问："你想要什么样的玩具呢？"女儿告诉他，她想要玩具床、玩具脸盆架、玩具马车、玩具小雨伞，还说了一长串足以让他做一辈子的东西。就这样，通过在家里询问自己的孩子，他获得了灵感。他找来烧火用的柴——他没有钱买木材，削出了那些结实的不涂色的玩具。许多年后，这些玩具传到了世界各地。这个木匠最初为自己的孩子做玩具，然后按照它们的式样做更多的玩具，通过他家隔壁的鞋店卖出去。开始的时候，他赚了一点钱，渐渐地越赚越多，最终他拥有了 1000 万美元。几十年来，他始终按照同一条原则赢得机遇和财富。一个人可以通过了解自己家的孩子喜欢什么从而判断别人家的孩子喜欢什么，通过了解自己、自己的妻子和孩子而知晓他人的内心，这是在商业上通向成功的一条神圣的道路。

有时候，一次机遇就是一个巨大的商机。当一个人下定决心的时候，他就真能做到，并且开始自己动手去与机遇搏斗，正是不懈地奋斗才能抓住难得的机遇。

培养发现机遇的能力

现代社会是一个充满竞争的社会，既向人们提出了挑战，同时也为人们提供了实现目标的良好机遇。生活在现代社会中的人是幸福的，切不可放过一切美好的机遇。

人们常说"千载难逢""天赐良机"就是指机遇，像在野外拾到了金刚石、采药发现了大人参、知识分子赶上尊重知识、尊重人才的政策等，都是机遇。机遇的产生和利用，都需要有其主客观条件。相对来说，主观条件更为重要。

但机遇并不是总在那里等着你去捡取，当机遇出现时，需要你的敏锐感觉与当机立断。一个不能当机立断的人，一个没有主见、不善决断的人，可能暂时在生存着，甚至还能够取得一点成就，但是，一遇变动他就会方寸大乱，落伍于时代，成为时代的弃儿、社会的淘汰者。他不可能取得一生的辉煌。

机遇处处都有，能不能发现，还要看你有没有发现机遇的能力。

事实表明，很多机遇的出现并不是直观的直接的，而是潜在的隐蔽的，如果不善于想象和联想就很难发现它，并把它们变成活生生的现实。有时候，我们遇到一件事情它本身不一定就是机遇，但是把这件事情与另一件事情联系起来思索，就可能有所发现，就可能转化成一次很有价值的机遇，从而创造一次财缘。

机遇来了，你能不能发现它，识别能力的强弱起着关键作用。对机遇的认识判断能力表现在：

一是能见微而知著。特别在有些机遇初现时并不明显，是以平淡无奇的方式或以伴随性的隐含方式出现的，你应独具慧眼，能及时加以识别，看到它的存在及其价值。

二是有很强的机遇敏感性。机遇一旦出现，你能在很短时间内做出识别判断，在别人还没有反应过来的时候，你已经决定了对它的取舍。有的人对于周围发生的一切漠不关心，熟视无睹，这是缺乏认识判断能力的表现，他们是很难抓住机遇的。

三是有良好的直觉。直觉判断是在作决定的那一刹那，敦促人们在两种或多种办法之中择善而从的心理活动过程。有时候人的直觉对于捕捉机遇有重要意义。对于新出现的事情一旦接触，立即可以感觉到它是不是有价值，值不值得为之一搏。这种直觉能力是以经验的积累为前提的，也是一种难得的识别能力。

即便是碰上好运气，让你遇到了意外情况，可是由于司空见惯，或者思想没有准备，头脑不敏感，或者粗心大意，或者虽然注意到特殊现象，但不打算进行进一步研究等等，都会使机遇丧失，错过发现、发明的机会。

在弗莱明以前，就有其他科学家见过青霉素菌能抑制住葡萄球菌的现象；在伦琴以前，已经有物理学家注意到 X 射线的存在；琴纳家乡的不少人都知道感染过牛痘的人，能免生天花，特别是那些挤奶工，但是，由于他们不以为然，而坐失良机。

一百多年前，有位叫莱维·施特劳斯的德国犹太人到美国旧金山去经商。除了别的商品，他还带了些帆布以供淘金者做帐篷之用。但他还没有来得及下船，除了帆布，其他货物都一售而空。一针一线都需从外面进口的旧金山人需求之旺，给莱维留下深刻印象。下船后，莱维带着帆布开始了他的"淘金"历程。他和一位挖金的矿工迎面而遇，此人抱怨道，他们需要的并不是帐篷，而是挖金时经磨耐穿的裤子。头脑灵活的莱维一点也不含糊，随即和那位矿工一起到裁缝店，用随身带的帆布给他做了一条裤子，这就是世界上第一条工装裤——亦就是今日十分时髦的牛仔裤的鼻祖。那位矿工回去之后，消息不胫而走，大量订货迅即而来。矿工需要的是耐磨的裤子，而莱维手头只有做帐篷的帆布。如果莱维的头脑不灵活，他就只会后悔自己带错了商品，而失去这次绝好的赚钱机会。

机会也许就你眼前，能否发现，还要靠你过人的洞察力和预见力。有些人可以看到"机遇"，有些人却只看见"问题"。当我们训练自己的思想去找寻机遇时，我们会发现，每一天我们生活中的机遇，远超过我们可以利用的。机遇就在我们的四周，机遇会自动上门，而不是靠我们费力地找寻，最大的问题是在于：我们如何对它们加以识别与把握。

机遇隐藏在辛勤的过程中

你一生中能获得特殊机遇的可能性还不到百万分之一。然而，机遇却常常出现在你面前，你如何把握机遇，将它变为有利的条件，要靠你的努力，要靠你的发现，要靠你的探索。

坚忍不拔的力量

今天，当人们谈起美洲的时候，总忘不了第一个发现美洲的人哥伦布。哥伦布从小就向往着海上航行，1492 年，哥伦布开始了人类历史上第一次横渡大西洋的壮举。谁也不知道茫茫无际的大西洋上，等待着这批由囚犯组成的船队的究竟是什么样的命运，有太多未知的因素使他们不可能对未来做出预测。海上的航行生活十分单调而乏味。

就这样，在海上漂泊了一天又一天，水手们开始沉不住气了，吵着要求返航。哥伦布是一个意志坚定的人，他决不会让他苦心组建的船队半途而废，留下终生遗憾。他坚持继续向西航行，有时候，他甚至不得不拔出宝剑，强令水手们向前，再向前。

在茫茫的大海上苦熬了两个月之后，哥伦布终于到达美洲巴哈马群岛的华特林岛。

哥伦布的故事说明：事业成功的根源在于坚持不懈地工作，以全部精力去从事，不避艰苦。只要专注于某一项事业，就一定会做出使自己感到吃惊的成绩来。

一个开电梯的工人，他失去了左臂。有人问他是否感到不便，他说："只有在剪指甲的时候才会感到。"

人在身处逆境时，适应环境的能力非常惊人。可以忍受不幸，也可以战胜不幸，因为每个人都有着惊人的潜力，只要立志发挥它，就一定能渡过难关。

小说家达克顿曾认为除双目失明外，他可以忍受生活上的任何打击。但当他60多岁，双目真的失明后，却说："原来失明也可以忍受，人能忍受一切不幸，即使所有感官都丧失知觉，我也能在心灵中继续活着。"

只要有一线希望，就应坚忍不拔地去奋斗。

1911年，英国帆船"天堂"号在太平洋航行时，被一场猛烈的风暴吞没。当时，年仅14岁的见习水兵杰林·皮斯在海上漂流数天后，来到太平洋南部一座荒无人烟的小岛上。从此，他就在这荒岛上过着漫长的独居生活。直到1985年，一艘船才偶然发现了他。那时，皮斯已经是一位88岁的老翁了。

如果没有强烈的求生欲望和坚忍的意志品质，很难想象他能活下来。人一生的经历中会有数不清的打击和困苦，怎样镇定自若地应付各种突发事件？怎样才能逢凶化吉？坚忍顽强就是护身的法宝。

许多职场中人在职业生涯遇到挫折时，轻易地放弃了，面对挫折的畏惧和厌倦使他们放弃了希望，那等着他的只有失望。

别人都已放弃，自己还在坚持；别人都已退却，自己仍然向前；看不见光明、希望，却仍然坚忍地奋斗着，这才是成功者的品质。

音乐大师贝多芬在两耳失聪、穷困潦倒之时，创作了他最伟大的乐章；席勒病魔缠身15年，却写出了他最著名的作品；为了得到更大的成就和幸福，班扬甚至说："如果可能的话，我宁愿祈祷更多的苦难降临到我身上。"

许多人最终没有获得成功，不是因为能力不足、诚心不够或没有对成功的热望，而是由于缺乏足够的坚忍。这样的人做事往往虎头蛇尾、有始无终。

坚忍的人从不会停下来怀疑自己能否成功，他唯一考虑的是如何前进、如何走得更远、如何接近目标。无论途中有高山、湍流还是沼泽，他都会毫不犹豫地去攀登、去穿越，直指自己的最终目标。无论遇到多大的困难和危险，都要坚持自己的信念，坚信成功一定可以实现。

身在职场，更需要有坚忍不拔的精神。唯有这样，你才能战胜工作中的困难和危机，把握住机遇，成就不凡的业绩，并树立起良好的职场声誉，使你在职场中更抢手。

有压力才有动力

西班牙人爱吃沙丁鱼，但沙丁鱼太娇贵，离开大海以后容易死掉。为便于运输，当地渔民想了一个有效的办法，将几条沙丁鱼的天敌——鲶鱼放在运输容器里，使沙丁鱼为躲避天敌而在有限的空间里快速游动，以保持其旺盛的生命力。

古希腊一位哲学家曾经这样说过："人类的一半活动是在危机当中度过的。"感受压力、消除压力、化解压力，是寻求生存发展的空间和机遇，这就是我们善待压力的动力所在。铁人王进喜有句名言：井无压力不喷油，人无压力轻飘飘。这里讲的"压力"就是动力。从力学的角度看，能量可以互换，自然压力是可以转化为动力的。

一个年轻人感到自己在人世间的生存压力越来越大，有点招架不住，他很迷茫。

这天，年年人路过一片枫树林，远处寺庙一阵悠扬的钟声吸引了他。于是，他风尘仆仆来到寺庙，看见一长老气定神闲地打坐，便虔诚地跪了下去，问道："不知长老有没有高法让我摆脱压力，轻松上路。"长老将了将白胡须，呵呵一笑说："高法到谈不上。这个你带回家后，每天早晚各看一次，想一遍，症结自然消解。"说完，长老给青年一块写了四个字的白纱布。年轻人回到家后，早晚各看一次，想一遍白纱布上四个道劲的大字，顿时精神为之一震。是的，他的生存压力仍在，但已感觉不出沉重，更不会招架不住。

长老给青年的四个字是："惧者生存！"生存不容易，唯惧者胜出。惧者，乃心怀忧患、备感危机之人；唯有惧心相随，才能让人有切肤之感，进而迸发出生命最原始的活力、最激越的精神、最昂扬的斗志。

恐惧，无疑是一种不良心态，而居安思危使"惧"成为不惧的新起点。惧，是审时度势的理性思考，是在超前意识前提下的反思，是不敢懈怠、兢兢业业、勇于进取的积极心态。

有奋斗就有机遇

奋斗之心是激发人们抗争命运的力量，是完成崇高使命和创造伟大成就的动力。一个具备了奋斗心的人，就会像被磁化的指针那样，显示出神秘的力量。

许多人就像没有被磁化的指针一样，习惯于在原地不动而没有方向，他们在自身的奋斗之心被激发之前，对任何刺激都毫无反应。正是奋斗之心和意志力——这种永不停息的自我推动力，激励着人们向自己的目标前进。

向上奋斗的力量是每一种有生命的物质的本能，这种本能不仅存在于所有动物身上，埋在地里的种子中也存在着这样的力量。正是这种力量刺激着它破土而出，推动它向上生长，向世界展示美丽与芬芳。

奋斗之心不允许我们休息，它总是激励我们为了更美好的明天而永不停息地努力。由于人类的成长是无限的，所以我们的奋斗心和愿望也是无法满足的。如果历史地来看，我们目前所到达的高度足以令人羡慕，但是，我们却发现今日所处的位置和昨日的位置一样，无法让我们完全满足，更高的理想和目标不断地在向我们召唤。

琼·菲特说："信心和理想乃是我们追求幸福和进步的最强大推动力。"

梭罗说："你是否听说过这样的事情：一个人穷尽毕生精力

向着一个目标努力，竟然会一事无成？一个人始终有所期望、受到持久的激励，竟然还无法提升自己？一个人以英勇的姿态、宽宏的胸襟、真诚的信念和追求真理的决心去行事处世，竟然没有任何收获？——难道这些奋斗会白费吗？"答案肯定是不会的。奋斗之心最终会成为一种伟大的激励力量，会使我们的人生更加崇高。

生物遗传工程著名专家童第周 17 岁那年考入宁波师范学校的预科班，第二年，他又考入一所教会中学。这所中学对数理化、英语课的要求很严格，而这几门功课童第周的基础最差，有的课甚至根本没学过。当时有人讥笑他说："我保证你不出 3 个月就得回家种地。"果不其然，第一学期的期末考试，他的总平均成绩是 45 分，按学校规定，总平均成绩不及格的人必须退学或降级。

童第周本来比同班同学的年龄大好几岁，再降一级怎么行呢？他硬着头皮去央求校长，校长最后勉强答应让他试读半年。从此，童第周每天天不亮就悄悄爬起来在路灯下朗读英语；晚上，熄灯的铃声响了，别人睡下后，他又悄悄地来到校园的路灯下，复习当天的课程。监学被他顽强的学习毅力打动了，破例地允许他在学校熄灯铃打过以后在路灯下学习。就这样，童第周赢得了时间，赢得了学习上的突飞猛进。第二学期的考试成绩公布了：他的总平均分超过了 70 分，几何还考了个百分。

童第周经过刻苦勤奋的学习，在 28 岁那一年终于以复旦大学生物系高材生的优异成绩留学比利时。

人们有一种错误的观点，以为天才不需要勤奋与苦干，这种思想断送了不少人的大好前程。

英国画家雷诺兹说："天才除了全身心地专注于自己的目标，进行忘我的工作之外，与常人无异。"

一位作家写道："我见过米开朗琪罗，他60岁的时候身体已不是那么强壮了，但他仍然在大理石上飞快地挥舞刻刀，弄得石头的碎屑四处飞溅，他一刻钟干的活比三个棒小伙一小时干的都多。他工作起来真是精力充沛、生龙活虎。"

天才的拉斐尔去世时才38岁，留下了287幅绘画作品、500多张素描，每一幅都价值连城。

达·芬奇是个乐观开朗、干劲十足又热情洋溢的人，每天天刚破晓就开始工作，直到工作室伸手不见五指，他才离开画布去吃饭休息。

这些被世人称之为天才的人，如果只是等着发挥天才的作用，那可能早就被人遗忘了。他们的自强不息、奋斗不止才是被世人赞叹的最根本的原因。

一个人一旦形成不断自我激励、始终向着更高更好目标前进的习惯，他身上所有的不良品质和坏习惯都会逐渐消失，因为它们缺少相应的环境和土壤。在一个人的个性品质中，只有被鼓励、被培育的品质才会成长。

对更高更好目标的渴求是我们根除堕落倾向的最佳方法。即使是最微弱的奋斗之心，也会像一颗种子，只要经过培育和扶植，它就会茁壮成长、开花结果。但是，如果在我们身体和精神的土壤里，没有足够的养料来滋养，求上进、求完善的种子就无法成长，而野草、荆棘和有毒的东西却会繁殖蔓延。

缺乏奋斗之心，即使抱有最伟大的雄心壮志，也可能会由于多种原因而受到伤害。拖延的毛病、避重就轻的习惯就会严重地削弱一个人的雄心壮志。同样，影响理想的因素，也会影响一个人的雄心壮志。

人们通常很早就意识到奋斗之心在叩响自己心灵的大门，但是，如果我们不去开发这种潜能，惰性就会占据我们的心灵，奋斗之心就会渐渐远离我们。正如其他未被利用的功能和品质一样，雄心也会退化，甚至尚未发挥任何作用就消失得无影无踪了。

宇宙间的所有生命都在努力达到更高的境界。万物在进化过程中总是向前发展的。毛毛虫可以变成一只蝴蝶，但蝴蝶不会退化成一只毛毛虫，因为那不合乎进化的法则。

如果你不努力培养和开发这种奋斗之心，拒绝这种来自内心的向上的力量，这种催你奋进的潜能就会越来越微弱，直至消失。到了那时，你的奋斗之心也就衰竭了。当来自你的内心深处、促你上进的奋斗之音回响在你耳边时，一定要仔细地聆听它，它是你最好的朋友，指引你走向光明和快乐。奋斗者永远是机遇的宠儿，一个只会梦想而缺乏永不停息的奋斗的人，从来不会被幸运女神眷顾；一个只知奋斗拼搏而不惧失败的人，肯定将得到机遇天使的青睐。成功的机遇就在前方，冲上去就能赢得胜利。奋斗，受挫；再奋斗，再受挫。在失败中选择，在选择中奋斗，直到抓住机遇走向成功。

机遇拒绝懈怠者，唯有奋斗才是机遇和成功的宠儿。机遇的确有时候会自动降临，但绝大部分都需要自己去奋斗、去努力才能把握。

朋友，请相信吧：只要你永不停息地奋斗，机遇，还有成功，就在你的前头！

第三章 用主动敲开机遇之门

要善于创造机遇。创造机遇的过程，是一个由量变到质变的艰苦劳动的过程。为了你的成功，就必须去努力地工作，不断地去发现问题、研究问题，这样，机遇就会悄悄地来到你身边。你要创造机遇，那么你就应该做一个工作计划周密、目标明确的人。计划可以使你对未来可能出现的情况或需要避免的情形有预先的打算。这样，当机遇一出现时，你会及早地发现它、捉住它，成为机遇的驾驭者。

要善于创造属于自己的机遇

每个人出生时都是一样的，但是，随着时间和环境的变化，彼此之间就会出现很大的差别，有些人会很幸运地得到机遇的青睐，从而前途似锦，而大多数人却没有那么幸运，甚至在人生路上经常遭遇山重水复的命运。但是，命运有一半在自己手里，没有幸运，我们就去追赶幸运，没有机遇，我们就去创造机遇。

在日本一个偏僻的山区里，有一个小山村因山路崎岖，几乎与世隔绝，几十户人家仅靠少量贫瘠的山地过日子，十分落后，生活极为贫苦。全村人虽然也想脱贫致富，却一直苦于无计可施。

一天，村里来了一位精明的商人，他立即感到这种落后的本身就是一种可贵的商业资源，便向村里的长者献了一条致富计策。于是，长者马上召集全村人，对村民们说："如今都是什么年代了，咱村的人还过着和原始人差不多的生活，我们深感内疚和痛心！不过，大都市里的人过着现代化生活的时间长了，一定会感觉乏味。咱不妨走回头路，干脆过原始人的生活，利用咱的'落后'，定会招来许多城里人。咱们呢，也可以借此机会做生意赚钱。"这一主意博得全村人喝彩。从此，全村人便开始模仿原始人的生活方式，在树上搭房，披兽皮，穿树叶编织的衣服。

不久，那位商人便向日本新闻界透露了他发现这个"原始人"的小部落的秘密，立即引起了社会各界的轰动。从此，成千上万的人都慕名而至，参观者络绎不绝，众多的游客为部落带来了可观的财富。

有经营头脑的人来了。他们来这里修公路，造宾馆，开商店，将这里开辟为旅游点。小山村的人趁机做各种生意，终于富裕起来了。

每个人一生中都会遇到许多机遇。能力强、综合素质高的人善于抓住机遇并且充分利用它们，具有高度智慧的人更善于创造机遇。机遇是造就一个人成功的首要因素。机遇往往是突然地或不知不觉地出现，有时甚至永远不为人所知，或只是在回首往事时才认识到过去的那件事是个机遇，庆幸抓住了它或者后悔失去了它。

没有机遇，创造机遇

正如未来的橡树包含在橡树的果实里一样，机遇也常常包含在奋斗之中。世界上有许多贫穷的孩子，他们虽然出身卑微，却能做出伟大的事业来。

他们是有划水轮的福尔顿、陈旧的药水瓶与锡锅子的法拉第、极少工具的华特耐、用缝针机梭发明缝纫机的霍乌、用最简陋的仪器开创实验壮举的诺贝尔……是他们推动了世界文明的进步。

没有机遇永远是那些失败者的托辞。如果你问他们为什么失败，他们中的大多数人会告诉你他们之所以失败，是因为不能得到像别人一样的机会，没有人帮助他们，没有人提拔他们……他们还会对你叹息好的地位已经人满为患，高级的职位已被他人挤占，一切好机会都已被他人捷足先登……总之，他们是毫无机会了。

有骨气的人从不会为他们的工作寻找任何托辞。他们从来不会怨天尤人，他们只知道尽自己所能，发挥自己的潜力迈步向前。他们更不会等待别人的援助，他们不会去等待机会，而是努力去为自己创造机会。

亚历山大在打完一次胜仗后，有人问："假使有机会，您想不想把下一个城邑攻占？""什么？"他怒吼起来，"即使没有机会，我也会创造机会！"世界上到处需要而恰恰缺少的，正是那些能够创造机会的人。

比尔·盖茨说："如果让等待机会变成一种习惯，那真是一件危险的事。"工作的热心与精力，就是在这种等待中消失的。对于那些不肯工作而只会胡思乱想的人，机会是可望而不可即的。机会只属于那些勤奋工作的人，因为只有不肯轻易放过机会的人，才能看得见机会。

成功永远属于那些富有奋斗精神的人，而不是那些一味地等待机会的人。机会是可以自己创造的。如果以为个人发展的机会在别的地方，在别人身上，那么一定会遭到失败。凡是在世界上做出一番大事业的人，他们往往不是那些幸运之神的宠儿，反而是那些"没有机会"的苦孩子。

童年时的林肯住在一所极其简陋的茅舍里，既没有窗户，也没有地板。以我们今天的观点来看，他仿佛生活在荒郊野外，距离学校非常遥远，既没有报纸书籍可以阅读，更缺乏生活上的一切必需品。就是在这种情况下，他一天要跑几十里路，到简陋不堪的学校里去上课。为了自己的进修，要奔跑一二百里路，去借几册要用的书籍，而晚上又靠着燃烧木柴发出的微弱火光阅读。林肯只受过一年的学校教育，但是他竟能在这样艰苦的环境中努力奋斗，最后一跃而成为美国历史上最伟大的总统之一。

世界上最需要的，正是那些能够创造机遇的人。时机虽是超乎人类能力的大自然的力量，但人在机遇面前，不都是被动的、消极的。许多成就大事的人，更多的时候，是积极地、主动地争取机会、创造机会。

培根指出："智者所创造的机会，要比他所能找到的多。只是消极等待机会，这是一种侥幸的心理。正如樱树那样，虽在静静地等待着春天的到来，而它却无时无刻不在养精蓄锐。"人在等待机会的时候，不能放松养精蓄锐的积累功夫，而且要时时审时度势，见缝插针，以寻求有利自身发展的机会。

当一个人计划周详，考虑缜密，在多种有利因素的配合下，机会常常会来到你的身边。一个强者，总能创造出契机，常常与机会结缘，并能借助机遇的双翼，搏击于事业的长空。

人不仅要把握机会，更要创造机会。走向成功的人，绝不是一个逍遥自在、没有任何压力的观光客，而是一个积极投入的参与者。善于创造机遇，并张开双臂迎来机会的人，最有希望与成功为伍。积极创造机遇，也正是现代人必须具备的人生态度。

机遇是一种重要的社会资源。它的到来，条件往往十分苛刻，且相当稀缺难得，它并非那样轻易得到。要获得它，需要极大的"投入"，才会有"产出"，需要高昂的代价和成本，这就是准备相当充足的实力、雄厚的才能功底。机调相当重"情谊"，你对它倾心，它也会对你钟情，给你报答。

改变创造机遇

聪明人不应只等待机遇，更要为自己创造机遇。

有一个大师，一直潜心苦练，几十年练就了一身"移山大法"。

有人虔诚地请教："大师用何神力，得以移山？我如何才能练就如此神功呢？"

大师笑道："练此神功也很简单，只要掌握一点：山不过来，我就过去。"

我们知道世上本无什么移山之术，唯一能够移动的方法就是：山不过来，我就过去。

工作中有太多的事情就像"大山"一样，是我们无法改变的，至少是暂时无法改变的。

如果顾客不愿意购买我们的产品，是因为我们还没有生产出足以令顾客满意的产品。

如果我们还无法成功，是因为自己暂时还没有找到成功的方法。

要想让事情改变，首先得改变自己。只有改变自己，才会最终改变别人；只有改变自己，才可以最终改变属于自己的世界。所以，如果山不过来，那就让自己过去吧！我们不要做一个守株待兔的蠢员工，要积极行动起来，不断为自己创造时机，只有这样，才能在工作的竞赛中获胜。

太阳升起的时候，非洲草原上的动物就开始奔跑了。狮子知道，如果它赶不上最慢的羚羊就会饿死。对羚羊来说，它们也知道，如果自己跑不过最快的狮子，就会被吃掉。

我们每个人都是这样，刚出生时都是一样的，随着环境的变化，时间的推移，有的会变成"狮子"，有的会变成"羚羊"。然而，在这个世界上，每个人所面对的竞争和求生的挑战都是一样的。因此，你一定要有跑赢别人的智慧和勇气，否则不是饿死，就是被吃掉。要想获得生的机会，就要时时地调整自己，不断改变自己的位置。这就是物竞天择、适者生存，也是行动创造命运的自然法则。

成功与不成功只差一步：每天花 5 分钟阅读、多打一个电话、多一个微笑……伟大的哲学家冯·哈耶克说："如果我们多设定一些有限定的目标，多一分耐心，多一点谦恭，那么，我们事实上倒能够进步得更快且事半功倍；如果我们自以为是地坚信我们这一代人具有超越一切的智能及洞察力并以此为骄傲，那么我们就会反其道而行之，事倍功半。"

在人生中的各方面都照这个方法做，持续不断地每天进步百分之一，一年便进步了百分之三百六十五，长期下来，你一定会有一个高品质的人生。

不用一次大幅度的进步，一点点就够了。不要小看这一点点，每天小小的改变，会有大大的不同，很多人一生当中，连一点进步都不一定做得到。人生的差别就在这一点点之间，如果你每天与别人差一点点，几年下来，就会差一大截。

前洛杉矶湖人队的教练派特雷利也清楚这一法则，他在湖人队处于最低潮时，告诉球队的 12 名队员说："今年我们只要每人比去年进步 1% 就好，有没有问题？"球员一听："才百分之一，太容易了！"于是，在罚球、抢篮板、助攻、抄截、防守一共五方面都各进步了百分之一，结果那一年湖人队居然得了冠军。

有人问教练，为什么这么容易得到冠军呢？教练说："每人在五个方面各进步百分之一，则为百分之五，12 人一共百分之六十，一年进步 60% 的球队，你说能不得冠军吗？"

你每天也应遵循这个法则，将这个信念用于企业、销售、家庭、爱情、个人成长、身体健康或经济收入上，一定会有 180 度的大转变。

所以说，成功就是每天在各方面持续不断地改变。每天进步一点点是卓越的开始，每天创新一点点是领先的开始，每天多做一点点是成功的开始。成功与失败往往只差这么一点点，告诉自己：只要我能每天这么做，我就不会被失败击倒。每天多做一点点，慢慢地、慢慢地，你会发现自己离金字塔顶已经不远了。

人生就是一个追求卓越的过程。你只需要今天比昨天进步百分之一，每天改变一点点，就已踏上卓越之路了。

想象创造机遇

想象是开启机遇之门的金钥匙，它无处不在，无时不在。俗话说：不怕做不到，就怕想不到。只要敢于想象，并将之付诸于实际行动中去，你就有可能创造出机遇。

电视机现在对我们每个人来说只是一件再平常不过的家用电器而已，但你或许并不了解，电视机的发明最初就源于一个人的想象。

那是1922年，美国一个年仅16岁的中学生费罗在黑板上画着一幅莫名其妙的草图，老师问他画的是什么，他指着那幅草图说，他要发明一个能通过空气来传输图像的东西。老师听了之后目瞪口呆，要知道在当时即使是无线电收音机，对于人类而言也还是十分惊奇的东西，而16岁的费罗竟然异想天开地想发明传播图像的东西，这样的想象力确实让人感到难以理解。然而4年之后，费罗在一个实业家的资助之下，开始为实现自己美不可言的想象而专心工作着，并且不久以后，他果然发明了电视机。

这里讲述费罗的故事，是想告诉人们想象和我们一刻也不曾分离，机遇就在你的眼皮底下等你去创造。费罗所具备的天赋条件并没有什么过人之处，他也只是一个普通人，但他凭着自己的想象，并将之付诸行动，终于创造了成功人生的机遇。那么你呢？你并不一定就比费罗差，说不定还可能比他强一点，你为什么就不能有一个妙不可言的想象，然后以自己的决心和信心将它实现，从而创造出成功的机遇，攀登上人生事业的巅峰呢？

爱因斯坦说过："想象力比知识更重要，因为知识是有限的，而想象力概括着世界的一切，推动着进步，并且是知识进化的源泉，严格地说，想象力是科学研究中的实在因素。"爱因斯坦如此推崇想象，是因为他知道想象力是一个人干好工作的起码要求，想象力是人类进步的主要动力，没有了想象，人类将永远停滞在野蛮落后的状态之中。

想象力可以使你创造机遇，并月利用这个机遇，使你取得别人所没有的成就。

有这样一个例子，非洲岛国毛里求斯大颅榄树绝处逢生，就是得益于科学家丰富的联想。在这个国家有两种特有的生物——渡渡鸟和大颅榄树，在 16 世纪和 17 世纪的时候，由于欧洲人的入侵和射杀，使得渡渡鸟被杀绝了，而大颅榄树也开始逐渐减少，到了 20 世纪 50 年代，只剩下 13 棵。

1981 年，美国生态学家坦普尔来到毛里求斯研究这种树木，他测定大颅榄树的年轮时候发现，它的树龄是 300 年，而这一年，正是渡渡鸟灭绝 300 周年。也就是说，渡渡鸟灭绝之时，也就是大颅榄树绝育之日。这个发现引起了坦普尔的兴趣，他找到了一只渡渡鸟的骨骸，伴有几颗大颅榄树的果实，这说明了渡渡鸟喜欢吃这种树的果实。

一个新的想法浮上了坦普尔的脑海，他认为渡渡鸟与种子发芽有莫大的关系，可惜渡渡鸟已经在世界上灭绝了，但坦普尔转而想到，像渡渡鸟那样不会飞的大鸟还有一种仍然没有灭绝，吐绶鸡就是其中一种。于是他让吐绶鸡吃下大颅榄树的果实，几天后，被消化了外边一层硬壳的种子排出体外，坦普尔将这些种子小心翼翼地种在苗圃里，不久之后，种子长出了绿油油的嫩芽，这种濒临灭绝的宝贵的树木终于绝处逢生了。

联想创造机遇，发挥联想，充分调动自身的认识积极性，这既可以汲取无尽的知识营养，又可以进一步发展联想能力，在联想中产生飞跃式的认识，进而创造出机遇。

勤奋创造机遇

勤奋是走向成功所必备的美德。历史上涌现出的许许多多杰出的人物，他们都是靠勤奋走向辉煌的。

英国首相玛格丽特·撒切尔夫人具有过人的精力，她是一个靠自己的奋斗获得成功的女士。她很少度假，每天睡眠不超过五个小时。她从低微的下层工作开始，经历了漫长的过程，成为欧洲历史上第一位女首相。由此可见，勤奋工作可以使一个人由平凡走向伟大，从而创造卓越。

在这个人才辈出的时代，要想使自己脱颖而出，你就必须付出比以往任何时代更多的勤奋和努力，拥有积极进取、奋发向上的精神，否则你只能由平凡转为平庸，最后变成一个毫无价值和没有出路的人。

华勒是堪斯亚建筑工程公司的执行副总，几年前他是作为一名送水工被堪斯亚一支建筑队招聘进来的。华勒并不像其他的送水工那样把水桶搬进来之后就一面抱怨工资太少一面躲在墙角抽烟，他给每个工人的水壶倒满水并在工人休息时缠着他们讲解关于建筑的各项工作。很快，这个勤奋好学的人引起了建筑队长的注意。

两周后，华勒当上了计时员。当上计时员的华勒依然勤勤恳恳地工作，他总是早上第一个来，晚上最后一个离开。由于他对所有的建筑工作比如打地基、垒砖、刷泥浆等非常熟悉，当建筑队的负责人不在时，工人们总喜欢问他。现在他已经成了公司的副总，但他依然特别专注于工作，从不说闲话，也从不参加到任何纷争中去。他鼓励大家学习和运用新知识，还常常拟计划、画草图，向大家提出各种好的建议。只要给他时间，他可以把客户希望他做的所有的事做好。

华勒没有什么惊世骇俗的才华，他只是一个穷苦的孩子，一个普普通通的送水工，但是凭着勤奋工作的美德，他得到了机遇的垂青，并一步一步地成长。华勒的故事就发生在现在，就发生在这个充满了机遇和挑战的竞争时代。

所以，不管你现在所从事的是怎样一种工作，不管你是一个水泥工人，还是一个优秀的精英，只要你勤勤恳恳地努力工作，你就会成功，就会得到上司的认可，你就会为自己的成功找到合适的机会。因为，你的勤奋带给公司的是业绩的提升和利润的增长，带给自己的是宝贵的知识、技能、经验和成长发展的机会，当然跟随机会到来的还会有财富。

如果一个人只想着如何少干点工作多玩一会儿，那么他迟早会被职场所淘汰。享受生活固然没错，但怎样成为老板眼中有价值的职业人士，才是最应该考虑的。一个有头脑的、有智慧的职业人士绝不会错过任何一个可以让他们的能力得以提高，让他们的才华得以展现的工作。

正确认识你的工作，勤勤恳恳地努力去做，才是对自己负责的表现。

做主动创造机遇的人

机遇是被人创造出来的，许多名人就是创造机遇的高手，他们总是在努力，总是在奋斗。开始时他们是在追寻机遇，而一旦当他们自身的实力积累到一定的程度时，机遇便会自动登门拜访。机遇是那些有准备的人创造出来的，是对其努力的一种肯定和回报。创造机遇的人，是勤奋充实自己的人，是有勇气面对挫折的人。创造机遇的人，从来不为自己找借口，在他们眼里，没有什么不可能。

机遇青睐有勇气的人

要善于争取机遇。多一次机遇，成功的可能性就大一些。每一次机遇的来临，都要投入到为之奋斗的努力之中。机遇不会平白无故地降临到你身上，无论如何，只要有一丝希望，就要努力去争取。只有具有这种精神，机遇才能垂青于你。争取机遇还必须有坚定的信心，敢于接受各方面挑战的大无畏勇气和不怕失败、百折不挠的精神。只要你敢于向机遇敞开你的大门，勇敢地去接受它，机遇就会投入你的怀抱。

某些机遇在出现时，宛如巨石挡道、大山阻川，好像无法把握，其实，这时考验的正是你的勇气。

从前有一个国王，他想委任一名官员担任一项重要职务，于是就召集了许多聪明机智和文武双全的官员，想看看他们谁能胜任。

国王说："我有个问题，想看看谁能解决它。"国王领着这些人来到一座大门——一座谁也没见过的巨大的门前。

"你们看到的这扇门，不但是最大的，而且是最重的。你们之中有谁能把它打开？"

许多大臣见到大门摇头摆手，有的走近看看，有的则无动于衷。只有一位大臣，他走到大门处，用眼睛和手仔细检查，然后又尝试着各种方法。最后，他抓住一条沉重的链子一拉，巨大的门开了。

国王说："你将要在朝廷中担任要职！"

其实，大门并没有完全关死，任何人只要仔细观察，再加上有胆量去试一下就能轻易地打开——机遇青睐有勇气的人。

不为退缩找借口

"没有任何借口"使许多成功人士养成了毫不畏惧的决心、坚强的毅力、完美的执行力以及在限定时间内把握每一分每一秒、去完成任何一项任务的信心和信念。"没有任何借口"还体现出一种完美的执行能力。

寻找借口唯一的好处，就是掩饰自己的过失，把应该自己承担的责任转嫁给社会或他人。这样的人，在企业中不会成为称职的员工，也不是企业可以期待和信任的员工，在社会上不是大家可信赖和尊重的人。这样的人，注定只能是一事无成的失败者。

有许多职业人士把宝贵的时间和精力放在了如何寻找一个合适的借口上，而忘记了自己的职责和责任！

莱恩是一个残疾青年，腿脚不灵便，在车间里当普通的操作工。在一般人来看，莱恩是根本不适合干这种工作的，因为这个车间是流水线的程序，每一个员工应该非常迅速地掌握操作过程，熟练地把产品的插板焊接一个部件，然后按动按钮送到下一个人操作。如果稍有怠慢，就会影响整个车间的工作，流水线路堵塞会造成很大的损失。刚开始莱恩应接不暇，流水产品一个接一个在他的工位前停留下来，他急得满头大汗。由于他的行动不方便，拿焊接机的手有些不稳，甚至用不上劲，无法把螺丝准确地上在合适的位置上，领导对他发脾气，同事对他不满意，有的人还讽刺他说： "你本来就不是干活的料，干脆回到家休息去吧！"

莱恩是个不轻易服输的青年，他决心用行动证明自己能干好这项工作，不但要干好，而且还要超越同事。虽然自己是残疾人，但他想自己没有任何借口向上司和同事要求特殊对待，顽强的斗志促使他付出加倍的努力来证明自己的价值。

于是他比任何人都用心工作，早晨厂房门还未开，他就来到门口等着，手里拿着流水程序的操作技巧书，下班后，他一人仍然在研究这条流水程序的原理。同事说： "你只管自己干好活就行了，还看什么其他的活是如何干的，真是傻瓜！"但是莱恩不听劝告，他知道只有勤奋地工作，每天多干一点点，每天多学习一些新东西，自己才会超越别人，千万不要为退缩找借口。

在一年后的夏天，工厂由于产品的销路不好，宣布裁减人员并招聘新的厂长上任，重新调整厂内体制。大家一看厂门口的海报都愣住了，似乎有些惊讶。因为莱恩不但没有被辞退，而且被提升为厂长，让他分管厂内事务。

一些人总是借口说没有机遇，他们总是喊：机遇！请给我机遇！其实，每个人生活中的每时每刻都充满了机遇。

无论你是健全的还是身体有些缺陷的，对任何工作都要尽心尽力，并要没有任何借口地追求卓越，你才能成功，因为企业老板不会因你的缺陷或能力有限而另眼看待，让你少干活，多给薪水，只有你自己拯救自己，方能走向成功。

主动出击，主宰未来

机会不是等来的，要靠我们自己主动去创造，唯有创造机会的人，才能建立轰轰烈烈的事业。

著名的电影巨星史泰龙，父亲是个赌徒，母亲是个酒鬼，从小在父母的暴力下长大，直到 20 岁的时候，他才决心要做一个演员，改变自己的命运。

于是，他来到好莱坞，找明星，找导演，找制片……找一切可能使他成为演员的人，四处哀求：

"给我一次机会吧，我要当演员，我一定能成功！"

他一次一次被拒绝，但是他并不气馁，他把每一次拒绝当成一次学习的机会，他坚信自己一定能成功。两年时间，他被拒绝了 1000 多次。

在经过 1000 多次拒绝后，他想出了一个"迂回前进"的思路：先写剧本，待剧本被导演看中后，再要求当演员。一年后，剧本写出来了，导演也认可了，但是，让他当演员的愿望还是未能实现。

终于，在他一共遭到 1300 多次拒绝后的一天，一个曾拒绝过他 20 多次的导演对他说："我不知道你是否能演好，但至少你的精神令我感动：我可以给你一次机会，但我要把你的剧本改成电视连续剧，同时，先只拍一集，就让你当男主角，看看效果再说。如果效果不好，你便从此断绝这个念头吧！"

为了这一刻，他已经做了三年多的准备，终于可以一试身手。机会来之不易，他自然拼尽全力、全身心地投入其中。第一集电视剧创下了当时全美最高收视纪录——他成功了！

史泰龙的健身教练哥伦布医生这样评价他："史泰龙每做一件事都百分之百投入。他的意志、恒心与持久力都是令人惊叹的。他是一个行动家，他从来不呆坐着让事情发生——他主动地令事情发生。"如果史泰龙当初只是"想"成功，在茶余饭后做做明星梦，消遣一下，他就绝不会有今天。因为那样的话，他就不会付出，不会拼命。大多数机遇不是偶然的，而是自己努力追求的结果。

考电影学院是张艺谋生命中一次至关重要的机遇，也是他人生的根本转折点。张艺谋在这一关键时刻所表现出来的智慧、意志和技巧，颇值得我们沉思。

那是1978年，北京电影学院开始"文革"后的第一次招生，张艺谋的心一下子热起来，他知道期盼多年的机遇已经来临。但他也意识到，政审可能再次成为他的劫数。可这毕竟是千载难逢的一次机会，他一定要试一试。

张艺谋争取到了一次去北京出差的机会，带着自己精心挑选的摄影作品，找到了电影学院的招生办公室。他的作品所表现出来的优秀的艺术素养令老师们大加赞赏，但是，学校规定招生的最高年龄是22岁，而张艺谋当时已经27岁了。制度无情，首先是年龄一项就把张艺谋阻挡在门外，张艺谋虽然多方奔走，终无结果。

张艺谋有些失望，但仍未绝望，他属于那种只要还有一点点可能和机会便会死死抓住不放的人，他要创造自己的命运。当时国家强调各级领导要重视和认真对待来自基层的各种意见和要求。张艺谋听从一位深谙世事的朋友的建议，给素昧平生的当时的文化部长黄镇写了一封言词恳切的信，还附带了几张能代表自己摄影水平的作品。

最终，信辗转到了黄部长手中，颇通艺术的部长认为张艺谋人才难得，遂写信给电影学院，并派秘书前往游说，终于使电影学院破格录取了张艺谋。

然而，在张艺谋读完大二的时候，校方以他年龄太大为由要求他离校，而此时力荐张艺谋的黄部长已经离位。向谁去求助呢？

张艺谋意识到，千里马常有而伯乐不常有，不能把自己的命运寄托在伯乐身上。自己已进入而立之年，更应该自己掌握自己的命运。而所谓命运，无非就是机会和抓住机会的能力。他硬着头皮给校领导写了一封态度诚恳的"决心书"，强烈地表达了自己要求继续读书的愿望。再加上爱才的老师多说好话，校方终于同意让他继续上学。此后，张艺谋又连连主动出击，把握自己的人生机遇，终于成为享誉中外的知名导演。

绝不坐等机遇，而是主动地去寻找机遇、创造机遇、尝试种种捕获机遇的办法，直至成功，这是一种成功者的机遇观。对于那些没有出众的人生资本，又总想坐等好运到来的人，纵有抓住机遇的心愿，机遇最终也不会眷顾他。

用心创造机遇

要做生活中的有心人是因为机会往往来得很突然或者很偶然。因此，只有留心、用心的人才有可能在机会来临的一瞬间捕捉到它。留心即是机遇，人生的机会可能会以多种方式降临到我们面前，要捕捉它，你就得在平时练就一双慧眼，养成从平凡的小事中寻找机遇的习惯，时时刻刻全身心地准备着去迎接、去拥抱每一次光顾你的幸运之神。

用信心征服机遇

美国有一位著名的潜能开发大师席勒，由于所采用激励的效果极佳而且内容丰富，非常受学员的喜爱，并且受邀到世界各地去巡回演讲。

席勒有一句招牌话："任何一个苦难与问题的背后，都有一个更大的祝福！"他常常用这句话来激励学员积极思考。由于他时常将这句话挂在嘴上，连他唯一的女儿，才念小学时就可以琅琅上口地附和他念这句话。他的女儿是一个非常活跃抢眼的小姑娘。

有一次，席勒受邀到韩国演讲，就在课程进行当中，他收到一封来自美国的紧急电报：他的女儿发生了一场意外，已经送医院进行紧急手术，有可能切除小腿！他心情错乱地结束课程，火速地赶回美国。到了医院，看到的是躺在病床上，一双小腿已经被切除的女儿。这是他头一次发现自己的口才完全不见了，笨拙地不知如何来安慰这个热爱运动、充满活力的天使！女儿好似察觉父亲的心事，告诉他："爸爸！你不是时常说，任何一个苦难与问题的背后，都有一个更大的祝福吗？不要难过呀！"他无奈又激动地说："可是！你的脚……"

女儿又说："爸爸放心，脚不行，我还有手可以用呀！"两年后，小女孩升中学了，并且再度入选垒球队，成为该联盟有史以来最厉害的全垒球王。

信心是战胜不幸遭遇的法宝。在不幸面前，一定要发挥人性的优势战胜不幸带来的影响，随之幸运就会来到你的面前，给你生活带来机会和生机。

海伦·凯勒是位全世界都知道的盲人，她是如何站在信念的天平上的呢？换句话说，当她生理上和生存上开始面临不幸的时候，她是如何成大事的呢？

海伦刚出生时，是个正常的婴孩，能看、能听，也会呀呀学话。可是，一场疾病使她变成既盲又聋的小哑巴——那时她才19个月大。

生理的剧变，令小海伦性情大变，稍不顺心，她便会乱敲乱打，野蛮地用双手抓食物塞入口里；若试图去纠正她，她就会在地上打滚乱嚷乱叫，简直是个十恶不赦的"小暴君"。父母在绝望之余，只好将她送至波士顿的一所盲人学校，特别聘请一位老师照顾她。

所幸的是，小海伦在黑暗的悲剧中遇到了一位伟大的光明天使——安妮·沙莉文女士。沙莉文也是位有着不幸经历的女性。她10岁时，和弟弟两人一起被送进麻省孤儿院，在孤儿院的悲惨生活中长大。由于房间紧缺，幼小的姐弟俩只好住进放置尸体的太平间。在卫生条件极差的环境中，幼小的弟弟6个月后就夭折了，她也在14岁得了眼疾，几乎失明。后来，她被送到帕金斯盲人学校学习凸字和指语法，便做了海伦的家庭教师。

从此，沙莉文女士与这个蒙受三重痛苦的姑娘的斗争就开始了。洗脸、梳头、用刀叉吃饭都必须一边和她格斗一边教她。固执己见的海伦以哭喊、怪叫等方式全力反抗着严格的教育。然而最终，沙莉文女士究竟如何以一个月的时间就和生活在完全黑暗、绝对沉默世界里的海伦沟通的呢？

答案是这样的：信心与爱心。

关于这件事，在海伦·凯勒所著的《我的一生》一书中，有感人肺腑的深刻描写：一位年轻的复明者，没有多少"教学经验"，将无比的爱心与惊人的信心，灌注入一位全聋全哑的小女孩身上——先通过潜意识的沟通，靠着身体的接触，为她们的心灵搭起一座桥。接着，自信与自爱在小海伦的心里产生，使她从痛苦的孤独地狱中解救出来，通过自我奋发，将潜意识那无限能量发挥，走向光明。就是如此：两人手携手，心连心，用爱心和信心作为"药方"，经过一段不足为外人道的挣扎，唤醒了海伦那沉睡的意识力量。一个既聋又哑且盲的少女，初次领悟到语言的喜悦时，那种令人感动的情景，实在难用语言表述。海伦曾写道："在我初次领悟到语言存在的那天晚上，我躺在床上，兴奋不已，那是我第一次希望天亮——我想再没其他人，可以感觉到我当时的喜悦吧。"仍然是失明的海伦，凭着触觉——指尖去代替眼和耳——学会了与外界沟通。她10岁多一点时，名字就已传遍全美，成为残疾人士的模范——一位真正的由弱转强的模范。

1893年5月8日，是海伦最开心的一天，这也是电话发明者贝尔博士值得纪念的一日。贝尔博士这位成大事者在这一日成立了著名的国际聋人教育基金会，而为会址奠基的正是13岁的小海伦。

若说小海伦没有自卑感，那是不确切的，也是不其实的。幸运的是她自小就在心底里树起了颠扑不破的信心，完成了对自卑的超越。小海伦成名后，并未因此而自满，她继续孜孜不倦地接受教育。1900年，这个20岁学习了指语法、凸字及发声，并通过这些手段获得超过常人的知识的姑娘，进入了哈佛大学拉德克利夫学院学习。她说出的第一句话是："我已经不是哑巴了！"她发觉自己的努力没有白费，兴奋异常，不断地重复说："我已经不是哑巴了！"4年后，她作为世界上第一个受到大学教育的盲聋哑人，以优异的成绩毕业。

海伦不仅学会了说话，还学会了用打字机著书和写稿。她虽然是位盲人，但读过的书却比视力正常的人还多。而且，她著了7册书，比"正常人"更会鉴赏音乐。

海伦的触觉极为敏锐，只需用手指头轻轻地放在对方的唇上，就能知道对方在说什么；把手放在钢琴、小提琴的木质部分，就能"鉴赏"音乐。她能以收音机和音箱的振动来辨明声音，又能够利用手指轻轻地碰触对方的喉咙来"听歌"。

如果你和海伦·凯勒握过手，5年后你们再见面握手时，她也能凭着握手来认出你，知道你是美丽的、强壮的、体弱的、滑稽的、爽朗的，或者是满腹牢骚的人。

这个克服了常人"无法克服"的残疾的"造命人"，其事迹在全世界引起了震惊和赞赏。她大学毕业那年，人们在圣路易博览会上设立了"海伦·凯勒日"。她始终对生命充满信心，充满热忱。她喜欢游泳、划船，以及在森林中骑马。她喜欢下棋和用扑克牌算命。在下雨的日子，就以编织来消磨时间。

海伦·凯勒，一个三重残疾的人，她凭着她那坚强的信念，终于战胜自己。她虽然没有发大财，也没有成为政界伟人，但是，她所获得的成就比富人、政客还要大。

第二次世界大战后，她在欧洲、亚洲、非洲各地巡回演讲，唤起了社会大众对身体残疾者的注意，被《大英百科全书》称颂为有史以来残疾人士最有成就的成大事者。美国作家马克·吐温评价说："19 世纪中，最值得一提的人物是拿破仑和海伦·凯勒。"身受盲聋哑三重痛苦，却能克服它并向全世界投射出光明的海伦·凯勒及其很好的理解者沙莉文女士的事迹，说明了什么问题呢？答案是：请学会培养自己成大事的能力！如果没有信心这样做，那么你就无法实现自我的价值。

用诚信之心赢取机遇

在阿拉斯加地区极其偏远的一个地方，有一对夫妇和他们的两个儿子住在自己搭的小木屋里。这一家庭还包括他们养的两匹狼。当初它们的母亲被人开枪打死，两只嗷嗷待哺的狼崽只有死路一条。这家人从狼窝中把它们抱回了家。

一天，夫妇俩正在离家约一英里的地方伐木，这时一个孩子不小心打翻了家里一盏煤油灯，熊熊大火开始吞噬小木屋。由于惊吓，屋里的两个小男孩呆住了，被困在里面。这时，两匹狼立即向木屋冲进去，把两个孩子拖到屋外的安全地带。两匹狼却被大火严重烧伤了。

这则小故事说明了狼对群体的忠诚。忠诚，对个人和组织来说都是极其宝贵的财富。

1835 年，摩根先生成为伊特纳火灾保险公司的股东，因为这家小公司不用马上拿出现金，只需在股东名册上签上名字即可成为股东。这正符合摩根先生当时没有现金的境况。然而不久，有一家投保的客户发生了火灾。按照规定，如果完全付清赔偿金，保险公司就会破产。股东们一个个惊慌失措，纷纷要求退股。摩根先生认为自己应该为客户负责。于是他四处筹款并卖掉了自己的房产，并以低价收购了所有要求退股人的股份，然后他将赔偿金如数返还给了投保的客户。

一时间，伊特纳火灾保险公司声名鹊起。已经几乎身无分文的摩根先生濒临破产，无奈之中他打出广告，凡是再参加伊特纳火灾保险公司的客户，保险金一律加倍收取。不料客户却是蜂拥而至，因为在很多人的心目中，伊特纳公司是最讲信誉的保险公司。伊特纳火灾保险公司从此崛起。

许多年后，摩根先生的孙子 J・P・摩根主宰了美国华尔街金融帝国。其实成就摩根家族的并不仅仅是一场火灾，而是比金钱更有价值的信誉，也就是对客户的忠诚。还有什么比让别人都信任你更宝贵的呢？有多少人信任你，你就拥有多少次成功的机会。信誉是无价的，信誉获得成功，就像用一块金子换取同样大小的一块石头一样容易。

忠诚守信的人不吃亏，忠诚、守信能帮助你的人生之舟在波涛汹涌的大海上稳步航行，能让你得到更多成功的机会。

忠诚对于客户来说，就是诚实守信。一个推销员每天按照经理的吩咐对顾客介绍产品的好处，他自己厌倦了这种工作方式。一天，当有顾客光临的时候，他在介绍产品的优点的同时也开始介绍产品的缺点，顾客听完后没说什么就走了。经理非常生气，决定解雇他。正当这个推销员带着行李要走出门口的时候，原来的那位顾客又回来了，他身后还带了一些人，这些人都准备买他的东西——这些人是冲着推销员来的，就因为他是个诚实的人。

只要以诚待人，必定能赢得对方的好感，也能及早察觉对方的心意。

有些人不擅辞令，由于不擅辞令而吃亏的时候，与其希望改善说话的技巧，还不如以自己的诚恳态度去打动对方。因为，愈是为说话焦虑，愈是无法完美地表达自己的意思。不善于言辞者，或许会略显笨拙，但是却给人一种值得信赖的真诚感，只要你能尽量地利用肢体语言辅助传达自己的热诚，不但能弥补不善辞令的不足，还更能够传达你的热情，更具说服力，明了自己的弱点，是获得利益的快捷方式。

用创业之心拥抱机遇

伟大的成功和业绩，永远属于那些创造机会的人，而不是那些一味等待机会的人们。应该牢记：良好的机会完全在于自己的创造。

弗雷德克少年时期便梦想成为一个成功的商人，由于没有什么太好的机遇，他的心中也时常显得焦躁不安。

在一个很偶然的机会里，他发现如果将冰块加入水中，或者化为水，就可以成为冷饮。他还观察到人们在一般情况下只是在酒店或者热饮店里喝饮料或酒。到了夏天天气炎热的时候，这些酒店生意都不太好，店主也为之烦恼不已。他立即敏锐地发现如果在气候炎热的夏季，人们能喝上冰凉的冷饮该是多么舒心的事情。

弗雷德克由此看到了一个潜在的商机。于是，他开始不断地实验。他试着利用冰块做各种各样的冷饮，并将冰块加入各种饮料中调出各种口味的饮品。经过反复试验，他终于试制出适合于多数人饮用的冷饮。

因为这些冷饮在炎热天气下有解暑降温的作用，经冰镇过的各种液体又会变得十分可口，这些饮品便立即在各个地方，尤其是那些气温高而又缺水的地区率先风靡起来。一时间，喝冷饮蔚然成风，并逐渐在全国各地广泛地流行。

冷饮的风行大大地带动了冰块的销售，一切都如弗雷德克所预料的那样，冰块的销售业务得到了巨大的发展，并为他带来了巨大的财富。

弗雷德克首先是一个勤奋的人，他能想到冰块带来商机的同时，一次又一次地去验证自己想法的正确性。这种动力的真正原因是他相信自己的判断，也不想错过这个机会。如果不能很好地把握这个先机，别人就会不失时机地去争取。

抓住机遇就意味着成功，但是，创造机遇并非一蹴而就，它需要人们以百倍的勇气和耐心在崎岖的道路上慢慢摸索；机遇又往往在险峰之间，它只钟情于那些不畏艰难困苦的人。一个少年时的梦想使弗雷德克在灰色的现实中破冰而出。

世界上许多事业有成的人，不一定是因为他比你聪明，而仅仅因为他比你更懂得创造机遇。美国著名成功学大师安东尼·罗宾认为，成功取决于一系列的决定。成功的人能迅速地做出决定，并且不会经常变更；而失败的人做决定时往往很慢，而且经常变更决定的内容。

决定仿佛是一股无形的力量，在你人生的每一个时刻导引你的思想、行动和感受。

用智慧叩开机遇之门

一对犹太父子在美国休斯敦做铜器生意。一天，父亲问儿子1磅铜的价格是多少，儿子答35美分。父亲说："对！整个得克萨斯州都知道每磅铜的价格是35美分，但作为犹太人的儿子，你应该说3.5美元。你试着把1磅铜做成门把手看看。"

20年后，父亲死了，儿子独自经营铜器店。他做过铜鼓，做过瑞士钟表上的簧片，做过奥运会的奖牌，他甚至曾把 1 磅铜卖到 3500 美元的天价。后来，他成了麦考尔公司的董事长。

然而，真正使他扬名的是纽约州的一堆垃圾。1974 年，美国政府为清理给自由女神像翻新扔下的废料向社会广泛招标。但好几个月过去了，没人应标。正在法国旅行的他听说后，立即飞往纽约，看过自由女神像下堆积如山的铜块、螺丝和木料，未提任何条件，当即就签了字。

很多同行对他的举动暗自发笑，认为他的行动是愚蠢的。因为在纽约州，垃圾处理有严格的规定，弄不好会受到环保组织的起诉。就在一些人要看这个得克萨斯人的笑话时，他开始组织工人对废料进行分类。他让人把废铜熔化，铸成小自由女神像，他把木头等加工成底座，废铅、废铝做成纽约广场的钥匙。最后，甚至是自由女神像上的灰尘都被扫下来，包装起来卖给花店。不到 3 个月的时间，他让这堆废料变成了 350 万美元现金。每磅铜的价格整整翻了 1 万倍。

一些有益的体验可以增加我们生命的分量，也可以成为生活智慧的一部分，巧妙地运用就能帮助我们解决不少问题。

西班牙一名 5 岁的女童梅洛迪，在上学途中被 3 名匪徒劫走。数小时后，梅洛迪的家人接到电话，匪徒勒索 1 千万美元。

梅洛迪的父亲纳卡恰安是西班牙的富商，在埃斯特波纳开设夜总会。他说："我只能筹到 300 万美元。时间越长，我越担心女儿的安全。"

幸好纳卡恰安情急智生。他想起歌星妻子的最新唱片，那唱片封套上妻子照片中的眼睛，反映出摄影师的影像。于是，他再次接到匪徒电话时，立即要求他们拍摄女儿的照片，证实她仍然生存。纳卡恰安收到女儿的照片后，交给警方，由警方的摄影专家利用精密仪器，将梅洛迪的眼睛放大，果然从中看出匪徒的相貌。探员认出其中一名绑匪是惯犯，而且知道他平日出没的地点。于是，为时12天的绑架案得到突破性进展，警方根据这个线索，终于破了此案，使梅洛迪得救。

纳卡恰安就是运用生活中的这一点经验使女儿获救的。

逃出"安分"的牢笼

每个人都有自己的安全区，如果你想跨越自己目前的成就，就不要画地为牢，让"安分"束缚住自己。要勇于充实自我，接受挑战去冒险，这样你才能发挥出无限的潜力，从而取得卓越的成绩。

不满足是前进的机遇

张博从小就酷爱学习，他嫌自己记忆力不强，为了做到博闻强记，凡是所读的书一定要亲手抄写，抄写朗诵一遍，就把它烧掉，又重新抄写，像这样要抄它六七次直到能背诵时，方才作罢。由于经常抄写，他右手握笔管的地方长出了老茧。冬天手指开裂，每天要在热水里浸好几次才能屈伸，后来他把自己的书房叫做"七录斋"。勤奋学习，坚持不懈，终于使他成为明末著名的文学家。张博写作思路敏捷，各个地方的人向他索取诗文，他从来不打草稿，都是当着来客的面，一挥而就，因此，名噪一时。

梅兰芳在刚学戏的时候，面对一个很不利的条件——眼皮下垂，迎风流泪，眼珠转动不灵活。"巧笑倩兮，美目盼兮"，唱旦角的眼睛不好，那还成吗？亲戚朋友为他顾虑，他自己也常发愁。后来，他偶然发现飞翔的鸽子可以使眼珠变灵活，于是他每天一早起来就放鸽子高飞，盯着它们一直飞到天际、云头，并仔细地辨认哪只是别人的，哪只是自家的，终于练就了舞台上那一双神光四射、精气内涵的秀目。

对许多人来说，要想成功，笨鸟先飞是最好的方法。只要多付出，不怕苦，一样可以做得很好，关键在于能否持之以恒。

永不满足于已有的成就，以更大的热情去获取更大的成功，不断地给自己加压，不断给自己创造成功的机会，永远不让发动机熄火，才能使自己的生命之车驶至尽可能远的奇境。

齐白石本是个木匠，靠着自学，成为画家，荣获世界和平奖金。然而，他始终不满足于已经取得的成就，不断吸取历代名画家的长处，改变自己作品的风格。他60岁以后的画，明显地不同于60岁以前。70岁以后，他的画风又变了一次。80岁以后，他的画风再度有了变化。据说，齐白石一生中，画风至少变了五次。即使他已80高龄，还每日挥毫不已。有时，来了客人或身体不适，不能作画，过后也一定补画。正因为齐白石在成功之后仍然马不停蹄，所以他晚年的作品比早期的作品更为成熟，形成了独特的流派与风格。

美籍中国物理学家丁肇中教授，因发现"J"粒子而获得1976年度的诺贝尔物理学奖金。他继续发奋攻关，于1979年又获重大成果——发现了"胶子"。他为什么能接连获胜呢？这是因为他在获奖后不但没有放松自己，反而自我加压。他每天只睡四至六小时，硬是挤出时间用在科学研究上，决不因获奖而增加社会负担或放慢前进的步伐。

面对现实，自暴自弃，甘居人后，还不如来个"先飞"、"多练"，由勤而熟，由熟而巧，通过以勤补拙，成为"巧鸟"。

突破自己，创造奇迹

世界上万事万物都有自己的规则，正所谓没有规矩，不成方圆。但是，过于沉溺于规则中，就容易形成一种思维定势，固守在一个小圈子里走不出来，离机遇和成功也就越来越远。所以，我们有时需要突破一下自己，改变一下自己的思维，换一个角度看问题，你会发现，不可能的一切都变成了可能。

大象能用鼻子轻松地将一吨重的行李抬起来，但我们在看马戏表演时却发现，这么巨大的动物，却安静地被拴在一个小木桩上。

因为它们自幼小无力时开始，就被沉重的铁链拴在木桩上，当时不管它用多大的力气去拉，这木桩对幼象而言，实在太沉重，当然动也动不了。不久，幼象长大，力气也变大了，但只要身边有桩，它总是不敢妄动。

这就是思维定势。长成后的象，可以轻易将铁链拉断，但因幼时的经验一直留存至长大，所以它习惯地认为（错觉）"绝对拉不断"，所以不再去拉扯。从人类来看也是如此——虽被赋予"头脑"这一最强大的武器，但因自以为是而将其搁置一边，于是徒然浪费"宝物"，实是愚蠢之人。

由此可知，不只是动物，人类也因未排除"固定观念"的偏差想法，而只能以常识性、否定性的眼光来看事物，理所当然地认为"我没有那样的才能"，终于白白浪费掉大好良机。除了这种静止地看待自己的形而上学的错误外，用僵化和固定的观点认识外界的事物，有时也会带来危害。比如，通常我们都知道，海水是不能饮用的，可是如果抱定了这种认识，也可能犯下严重的错误。

一次，一艘远洋海轮不幸触礁，沉没在汪洋大海里，幸存下来的9名船员拼死登上一座孤岛，才得以活命。但接下来的情形更加糟糕，岛上除了石头，还是石头，没有任何可以用来充饥的东西。更为要命的是，在烈日的暴晒下，每个人都口渴得冒烟，水成为了最珍贵的东西。尽管四周是水——海水，可谁都知道，海水又苦又涩又咸，根本不能用来解渴。现在9个人唯一的生存希望是老天爷下雨或别的过往船只发现他们。

他们等了很久，没有任何下雨的迹象，除了一望无边的海水，没有任何船只经过这个死一般寂静的岛。渐渐地，他们支撑不下去了。8个船员相继渴死，当最后一位船员快要渴死的时候，他实在忍受不住，扑进海水里，"咕嘟咕嘟"地喝了一肚子海水。船员喝完海水，一点儿也觉不出海水的苦涩味，相反觉得这海水非常甘甜，非常解渴。他想：也许这是自己渴死前的幻觉吧，便静静地躺在岛上，等着死神的降临。他睡了一觉，醒来后发现自己还活着，船员非常奇怪，于是他每天靠喝海水度日，终于等来了救援的船只。

后来人们化验这里海水发现，这儿由于有地下泉水的不断翻涌，所以，海水实际上是可口的泉水。习以为常、耳熟能详、理所当然的事物充斥着我们的生活，使我们逐渐失去了对事物的热情和新鲜感。经验成了我们判断事物的唯一标准，存在的当然变成了合理的。随着知识的积累、经验的丰富，我们变得越来越循规蹈矩，越来越老成持重，于是创造力丧失了，想象力萎缩了。思维定势已经成为人类超越自我的一大障碍。

标新立异者常常能突破人们的思维常规，反常用计，在"奇"字上下功夫，拿出出奇的经营招数，赢得出奇的效果。

亨利·兰德平日非常喜欢为女儿拍照，而每一次女儿都想立刻得到父亲为她拍摄的照片。于是有一次他就告诉女儿，照片必须全部拍完，等底片卷回，从照相机里拿下来后，再送到暗房用特殊的药品显影。而且，在副片完成之后，还要照射强光使之映在别的相纸上面，同时必须再经过药品处理，一张照片才告完成。他向女儿做说明的同时，内心却在问自己："等等，难道没有可能制造出'同时显影'的照相机吗？"对摄影稍有常识的人，在听了他的想法后都异口同声地说："哪儿会有可能？"并列举一打以上的理由说："简直是一个异想天开的梦。"但他却没有因受此批评而退缩，终于不畏艰难地研究完成了"拍立得相机"。这种相机的作用完全依照女儿的希望，同时，兰德企业就此诞生了。老观念不一定对，新想法不一定错，只要打破心理枷锁，突破思维定势，你也会像兰德一样成功！

勇于挑战，机遇在前

　　想要出人头地，不仅要勇于挑战挡在自己面前的"巨人"，而且要积极应对别人对自己的挑战。挑战催人奋发，促人成长；挑战带来痛苦，也带来欢乐……

　　成功创造于不断的挑战，挑战自然，挑战他人，更要挑战自我。

　　有竞争的环境，才能激发人的竞争意识，才能调动人的生理和心理的潜能。如果员工在自己的工作中，不敢挑战企业的"巨头"，那他永远只配做别人的下属；不敢挑战自我，那他永远也没有变化，终究有一天他会被淘汰出局。工作需要挑战，只有在挑战中，才能带来企业和个人的发展。

　　两个乡下人外出打工，一个去上海，一个去北京。可在等车时，各自都改变了主意。因为他们听到邻座人议论说，上海人精明，连问路都要收费；北京人质朴，见到吃不上饭的人不但给馒头还给衣服。原打算去上海的人想，还是去北京好，挣不到钱也不会饿着，他庆幸自己还没有上车；原打算去北京的人则想，还是去上海好，给人带路都能挣钱，还有什么活不挣钱的？他庆幸自己还在车站。于是他们在退票处相遇了，互相换了车票，原准备去上海的去了北京，原准备去北京的去了上海。

　　去北京的发现，北京果然好。他初到北京的一个月里，什么事也没干，竟没饿着，不仅银行大厅里的纯净水可以白喝，而且大商场里欢迎品尝的点心也可以白吃。

去上海的人发现，上海果然是可以发财的地方，干什么都可以赚钱，擦皮鞋可以赚钱，弄盆凉水让人洗脸也可以赚钱。凭着乡下人对泥土的深厚感情和独特认识，他在建筑工地上弄了10包含有沙子和树叶的土，以"花盆土"的名义向爱养花的上海人兜售，一天就赚了五六十元。一年后，他凭出售"花盆土"竟在上海有了一间小小的铺面。后来，他又发现，清洗公司原来只负责清洗楼面不负责清洗招牌。他立即抓住这一空当，买了梯子、水桶和抹布，办起了小型清洗公司，专门负责清洗招牌。如今他的公司已经有150多名员工，业务由上海发展到杭州和南京等地。

不久后，他去北京考察清洗市场。在火车站，一个捡垃圾的向他要空矿泉水瓶子时，双方都愣住了，因为五年前他们换过一次车票。

面对挑战，强者会迎难而上，并在挑战中激发自己的潜能，创造发展的机会；弱者却会选择逃避，乐于接受平庸，安于享受暂有的一切。面对挑战，你又会做出哪种选择？

选择环境，结识机遇

环境相对于个人的力量来说是强大的，不同的人在一生中面临的环境不同，有好有坏，有高有低，但环境的好坏高低只能表示命运的起点，而不是命运的整个过程。

周围的环境是愉快的还是不和谐的，身边的朋友是经常激励你还是经常打击你，都关系到你的前途。大多数人体内都蕴藏着巨大的潜能，它酣睡着，它一旦被外界的东西激发，就能做出惊人的事情来。可以激发一个人潜能的事情往往是微不足道的，也许是一句格言，也许是一次讲演，也许是一则故事，也许是一本书，也许是朋友的一句鼓励……

在这里，我们应该进一步明白，适应环境其实并不是我们利用环境资本的最佳方式。适应环境大多是我们在无法改变现状情况下的一种无奈选择，比如我们年幼时，是无法改变家庭环境的；作为普通个人，我们是无法改变大的时代环境的。而事实上，在你能够选择的范围内，积极主动地选择对个人有利的发展空间才是掌控环境资本的最高境界。

李斯是秦朝的丞相，辅佐秦始皇统一并管理中国，立下汗马功劳。可鲜有人知，李斯年轻时只是一名小小的粮仓管理员，他的立志发奋，竟然缘于一次上厕所的经历。

那时，李斯26岁，是楚国上蔡郡府里的一个看守粮仓的小文书。他的工作是负责仓内存粮进出的登记，将一笔笔斗进升出的粮食进出情况认真记录清楚。日子就这么一天天过着，李斯也没觉得有什么不对。直到有一天，李斯到粮仓外的一个厕所方便，就这样一件极其平常的小事竟改变了李斯的一生。李斯进了厕所，尚未解手，却惊动了厕所内的一群老鼠。这群老鼠个个瘦小干枯探头缩爪，且毛色灰暗，身上又脏又臭，让人恶心之极。李斯看见这些老鼠，却忽然想起了自己管理的粮仓中的老鼠。那些家伙，一个个吃得脑满肠肥，皮毛油亮，整日在粮仓中大快朵颐，逍遥自在。与眼前厕所中这些老鼠相比，真是天上地下啊！

人生如鼠，不在仓就在厕，环境不同，命运也就不同。自己在这个小小的上蔡城里这个小小的仓库中做了 8 年的小文书，从未出去看过外面的世界，不就如同这些厕所中的小老鼠一样吗？整日在这里挣扎，却全然还不知有粮仓这样的天堂。

李期决定换一种活法，第二天他就离开了这个小城，去投奔一代儒学大师荀况，开始了寻找"粮仓"之路。20 多年后，他把家安在秦都咸阳丞相府中。"人生如鼠，不在仓就在厕"这句流传千古的名言不知改变了多少人的命运。人的命运有好有坏，生于仓的命运自然要好过生于厕的命运；如果生于厕的安于现状，得过且过，那么在厕的也就注定只能永远在厕了。但是也有其中不安分者，他们认定命运是可以改变的，所谓"山不过来，我就过去"，通过抱持一种改变命运的理想信念，并且努力实践之，最终把自己从坏的命运中拯救出来。在人生命运转折的关键处，每一个人都应该问自己，现在所处的环境，是在仓还是在厕？

坐井观天，你只能做井底之蛙；只有那些勇于跳出井底的人，才有希望拥抱一片灿烂的天空。

天下的路是相连的，世上的事是相通的。一个人的成功，最初往往是从固有想法的改变开始。小小的改变，结果大大的不同！

敢于梦想，邂逅机遇

成功学大师拿破仑·希尔说："一切的成就，一切的财富，都始于一个意念。"如果一个人决心要摆脱贫穷，那么富裕肯定不会远。没有梦想，可能变成不可能；有了梦想，就能把不可能变成可能。

请你立即给自己一个梦，请你从现在开始一定要默认：今天是我新生命的开始，我一定会成为改变自己、家族、团队、民族、人类命运的人，我说到做到，我的未来必定辉煌。

美国著名影星、加利福尼亚州州长阿诺德·施瓦辛格在清华大学进行了演讲，与清华学子"面对面"分享他人生的酸甜苦辣。他演讲的主要内容为"坚持梦想"，精彩的演讲引起了听众的强烈反响。

施瓦辛格说："不管你有没有钱或工作，不管你是否受过短暂的挫折和失败，只要你坚持自己的梦想，就一定会成功！"施瓦辛格说，自己小时候体弱多病，后来竟然喜欢上了举重，最初也受到了一些人的嘲讽和质疑，可他苦练后铸就了一副强壮的身板，并赢得了世界级比赛的健美冠军。而在随后的从影、从政过程中，外界的质疑也从未中断过，可他没有动摇，最后还是将梦想一个个地变成了现实。

"你们应该走出去，大胆地实现自己的梦想，为了你们的学校，为了中国，为了世界！"他告诉听众。

是的，有梦想才会成功，有梦想才会有机遇，天上永远不会掉馅饼，只有自己奋斗，才能得到又大又香的馅饼。

本田汽车公司的创始人本田宗一郎从小就有伟大的梦想。本田宗一郎从小家境非常贫困，由于父亲是铁匠并兼修自行车，在耳濡目染中，他对摩托车产生了兴趣。小时候，当他第一次看到摩托车时，简直入了迷，他回忆道：我不顾一切地追着那部机车，我深深地受到震动，虽然我只是个小孩子，我想就在那个时候，有一天我要自己制造一部摩托车的念头已经产生了……

20世纪50年代初期，本田宗一郎推动自己的公司进入本已非常拥挤的摩托车工业，五年内他成功地击败了摩托车工业里的250位对手。他"梦想"中的摩托车在1950年推出，实现了儿时制造更好的摩托的梦想。在1955年，他在日本推出"超级绵羊"系列产品，1957年这种产品在美国推出，这种不同凡俗的产品，加上创意新颖的广告口号："好人骑本田"，使本田摩托车立刻成为畅销的热门产品，也改变了已经奄奄一息的摩托车工业。到了1963年，本田摩托车几乎在世界各个国家都变成了摩托车工业里最主要的力量，让意大利的摩托车和美国的哈雷摩托车公司大败。

而盖茨有一个这样的梦想：将来，在每个家庭的每张桌子上面都有一台个人电脑，而在这些电脑里面运行的则是自己所编写的软件。正是在这一伟大梦想的催生下，微软公司诞生了，也正是在这个公司的推动和影响下，软件业才从无到有，并发展到今天这种蓬勃兴旺的地步。

伟大的梦想造就了天才，并促使这些天才们努力追逐自己的梦想，最终走向成功。

只要你想，并为之奋斗，你就可能做成任何事。请给自己一个梦吧，哪怕这个梦想一开始比较琐碎。

一位记者采访一位民营企业家时，这位农民出身的企业家思维跳跃得厉害，时不时会从现实回忆到年少时，说年少时的种种苦处。采访结束，他站在自己刚装修完的办公室的落地窗前，说："如果邻居还在世的话，也许会为自己的话感到羞愧。"

　　这里面有一个故事。这位企业家少时贫困，家徒四壁，三个弟兄一季里只有一件衣裳可以换，白天汗水浸湿了，晚上脱下来洗，放在火炉上烤干，第二天早上再穿上。收割晚稻的时候，他到邻居家借一辆独轮车，可是邻居却对他一阵数落："怎么穷得连个独轮车也置办不起，还枉做什么人？"这句话几乎把他击倒。他没有借到车，也无法置办得起独轮车。晚稻收割完后，他执意走出家门，到南方去打工。

　　他走的时候只有一个愿望，就是赚足置办一辆独轮车的钱和一家人衣料的钱。

　　到了南方后，很快他就有了这笔钱。但他想如果能像邻居家里一样有漂亮的家具就可以。于是，他又干了几年，那时他拥有的钱可以置办一套漂亮的家具了。但他又有了新愿望，他想造和邻居一样的砖房，想拥有邻居那样的自行车……他在南方生活了6年。回来的时候，他拥有的财富超过了邻居。他依靠那笔钱成立一个小型的建筑队，然后又承包村里的红砖厂，几年之间他的业务就滚雪球一样地扩大。他适时移师城市，借着房地产热，又赚了个盆满钵足。现在他已不是那个连辆独轮车也置办不起的穷小子了，他拥有一辆价值80多万元的奔驰轿车。

　　他成功了，有谁知道促成他成功的只是当初的一辆独轮车呢！

　　大成功者是大梦想家，大梦想家一定是大磨难者。伟大的成功需要伟大的理想，在现实生活中，许多伟大梦想的成长往往又始于微小的理想。

　　比尔·盖茨最初的梦想不可能是想当世界首富，他只不过想从事自己喜欢的电脑行业而已。有一位只有小学文化程度的作家从来没有想过自己要当全国知名作家，他很长时间最大的愿望只是想再发表一篇文章。

微小的理想也是一种动力，千万不要嘲笑，即使真的很微小很可笑。微小的理想有时候就是一棵柔弱的小树苗，你可以嘲笑现在，却不能嘲笑它的将来，因为它还有足够多的时间可以成长。只要它生长的方向是对的，那么它未来的世界就是对的。

成功与机遇

张枫◎编著

下

中国出版集团
现代出版社

图书在版编目(CIP)数据

成功与机遇(下) / 张枫编著. —北京：现代
出版社, 2014.1

ISBN 978-7-5143-2451-8

Ⅰ. ①成… Ⅱ. ①张… Ⅲ. ①成功心理－通俗读物
Ⅳ. ①B848.4－49

中国版本图书馆 CIP 数据核字(2014)第 056884 号

作　　者	张　枫
责任编辑	王敬一
出版发行	现代出版社
通讯地址	北京市安定门外安华里 504 号
邮政编码	100011
电　　话	010－64267325 64245264(传真)
网　　址	www.1980xd.com
电子邮箱	xiandai@cnpitc.com.cn
印　　刷	唐山富达印务有限公司
开　　本	710mm×1000mm　1/16
印　　张	16
版　　次	2014 年 4 月第 1 版　2023 年 5 月第 3 次印刷
书　　号	ISBN 978-7-5143-2451-8
定　　价	76.00 元(上下册)

目　录

第四章　我与机遇有个约会

第五章　独到眼光, 觅取机遇

第六章　别出心裁,创造机遇

第七章　敢冒风险,博得机遇

第四章　我与机遇有个约会

　　每个人都有机遇，但如果不加以利用，机会就会转瞬即逝。歌德说过这样一句话："瞬间的机遇，便可决定你的一生。"能否充分把握昙花一现的时机，往往决定你能否有所发现和发明。因此，把握机遇，是发明创造的一个重要因素。一个成功的人就是能利用机遇。命运全是由你自己创造的，也全由你去转变。成功的秘密在于你去主动地把握住机遇。谁能抓住机遇，谁就能点亮人生。

想方设法获取机遇青睐

　　机遇不会平白无故降临到自己头上，要想获得机遇，就要善于表现自己，这样机遇才会注意到你，从而来到你身边。

　　不懂得表现自己的人，别人也不会注意他，因此，也就不会得到机遇的青睐。

　　学会表现自己，适当的表现自己和以不正当的手段吸引别人的注意，是完全不同的。真正的自我推销必须是有创意的，需要良好的技巧。表现自己必须是光明正大的，不能打击或贬低别人的价值。

在机遇来临时，是最需要表现自我的时候。

著名的节目主持人杨澜正是抓住了成功的机遇，成为了在中国家喻户晓的人物。她的名字是连同《正大综艺》、春节联欢晚会一同深深地烙在中国老百姓的心中。作为一名当代大学生，她的成功颇具典范意义，是很值得剖析的。她的转折点来自应聘中央电视台《正大综艺》节目主持人。

在此之前，她只是北京外国语大学的一名普通大学生，并没有什么惊人之举。如果没有这次机遇的话，杨澜也可能会表现得很优秀，但却绝不可能这么早、这么快，又是这么轰轰烈烈地成名。

正如杨澜在她的书中所说的那样："如果没有一个意外的机遇，今天的我恐怕已做了什么大饭店的什么经理，带着职业的微笑，坐在一张办公桌后面了。"而这个意外机遇的掌握，是靠着她善于表现自己。

这个机遇便是泰国正大集团结束了与几个地方台的合作，转与中央电视台共同制作《正大综艺》。双方决定要挑选一位女大学生做主持人，杨澜也被推荐参加试镜。

说实话，杨澜并不被人看中，只是因为她的气质较佳，所以才能一路过关斩将杀入总决赛。据一位导演透露，虽然杨澜被视为最佳人选，但是被有的人认为还不够漂亮，所以是否用她尚不能确定。

最后确定人选的时候到了，电视台主管节目的领导也到场了，他们要在杨澜与另外一位连杨澜也不得不承认"的确非常漂亮"的女孩子中间选择一人，这将是最后的选择。杨澜的好胜心一下子被激起，她想："即使你们今天不选我，我也要证明我的素质。"

这次考试两人的题目是：一、你将如何做这个节目的主持人；二、介绍一下你自己。

杨澜是这么开始的："我认为主持人的首要标准不是容貌，而是要看她是否有强烈的与观众沟通的愿望。我希望做这个节目的主持人，因为我喜欢旅游，人与大自然相亲相近的快感是无与伦比的，我要把自己的这些感受讲给观众听。"

在介绍自己时，杨澜是这样说的："父母给我取澜为名，就是希望我有像大海一样的胸襟，自强、自立，我相信自己能做到这一点……"

杨澜一口气讲了半个小时，没有一点文字参考，她的语言流畅，思维严密，富有思想性，很快赢得了诸位领导的赏识。人们不再关注她是否长得漂亮，而是被她的表现深深吸引住了。据杨澜后来回忆说："说完后，我感到屋子里非常安静。今天看来，用气功的说法，是我的气场把他们罩住了。"

当杨澜再次回到那个房间，中央电视台已经决定正式录用她了，这次面试改变了她的一生。

在机遇来临时，就要有耐心，有恒心，一次不行，就多表现几次，在一个地方表现无效，就在多个地方进行表现。表现多了，被发现、被赏识的可能性就会增大。

请记住：把自己的美展示给人，从而赢得机遇的青睐，并不是件羞耻的事。

用悟性抓住机遇

成功者不仅仅眼光敏锐，而且能够通过悟性发挥优势，进退自如，运筹帷幄，才能在残酷的市场竞争中处于不败之地。

摩托罗拉公司的缔造者高尔文小时候就有着超乎常人的生意意识。

还是在小学的时候，高尔文就学会了做生意。当时，他所在的小镇是个铁路交叉口，过往的火车都要在这个地方停留片刻，以便给火车加煤加水。于是他想到一个好注意："旅客到车站总要下车歇歇脚，何不去车站向旅客兜售爆米花呢？"

于是他每天放学后都去车站向旅客兜售爆米花，而且生意十分火暴。许多孩子纷纷效仿。为了争夺更多的顾客，孩子们还常常发生摩擦甚至"战事"。生意没有原来那么好了。

但他不甘心就这样放弃这个生意，于是，聪明的高尔文又想出一个更胜一筹的方法。他搞了一个爆米花摊床，用车推到车站去叫卖，最重要的是他还学会了往爆米花里面放一些奶油和糖，使其味道更加可口。

夏天到来了，高尔文又创意性地搞了一种新产品，他设计了一个半月形的箱子，用吊带挎在肩上，在箱子中部的小空间里放上半加仑的冰激凌，箱边上刻有一些小洞，正好堆放蛋卷，然后拿到火车上去卖，这种新鲜的蛋卷冰激凌很受欢迎。

卖爆米花的经历，培养了高尔文对市场动态敏锐的把握能力，也成为他日后经营生涯中赖以制胜的法宝。在以后的岁月中，每当某些产品或销售进行不下去的时候，高尔文就会向他的同事们讲述这个"卖爆米花的故事"。

努力获得你梦寐以求的东西。你希望获得你所想要的东西，就要做到一旦看准了目标就立即行动，用悟性和反应抓住机会，以便你能够登上机会的快车。一个没有经验的人只要弄懂并应用某些成功的原则，就很容易得到他所想所要的东西。

世界上的万事万物在其发展过程中总会隐含一些决定未来的玄机，对于创业者来说，如果能够把握住这种玄机，那么就意味着创业者就可以把握住未来；把握住了未来，也就把握住了成功。

创业者如何才能把握住事物发展中的玄机呢？这就需要创业者要对所有事物、特别是与自己关系密切的事物保持一种灵敏的触觉，这种触觉也就是一个人的悟性，如果有了这种触觉和悟性就很容易把握住事物发展的玄机。

对于创业者来说，在创业的时候一定要培养自己灵敏的触觉，一定要把自己的悟性培养出来，这样在机会来到的时候，你就能够顺利地登上机会的快车。

所谓机会也就是那种可遇不可求的好时机，它的来到就如同一列快速奔驰的列车一样，而每一个想要登上这列快车的人，根本不可能在它到来时再手忙脚乱地去抓它，到那时你想抓住它就很困难了。你想登上它，就得提前做好准备。比如说你的精神首先要高度集中，以便能随时随地在它来临的时候有迅速登上它的思想准备；其次，你还得事先活动活动筋骨，以保证在它来到时你能够四肢敏捷地一跃而起，登上它。

如果你有值得追求的目标，你只须找出为什么你能达到这个目标的一个理由就行了，而不要去找出为什么你不能达到你的目标的几百个理由。

不放弃就有机遇

当困难不以我们的意志为转移而降临的时候，不要怨天尤人，把困难当成磨炼我们意志、勇气和才智的战场。走过阴雨和泥泞，成功的彩虹就在前方！

沉着冷静，永不气馁，这是每一个人所应养成的品格。任何人都应永远保持一副亲切和蔼的笑容、一种希望无穷的气魄、一个必能战胜任何突然袭来的逆浪的自信力和决心。他应该不急躁、不懊恼，不轻易发怒，更不应该遇事迟疑不决。这些良好的品性，往往比他焦心忧虑更易解决许多困难。

不要轻言放弃，成功的道路上永远都充满着荆棘与坎坷！每一次的失败都是你走向成功的铺路石，应正视一切！刘墉曾经说过："失败的时候你可以坐在地上，检讨自己为什么失败！也可以伤心落泪，但一边擦眼泪，一边站起身，准备再一次向前冲！"

拿破仑也曾说过一句话："不会从失败中吸取教训的人，他们的成功之路是遥远的！"因此失败并不可怕，真正可怕的是不会从失败中吸取教训和经验，而后又轻言放弃！

心理学家曾经做过一个这样的实验：将一条饥饿的鳄鱼和一些小鱼放在水箱的两端，中间有一个透明的玻璃板隔开，刚开始，鳄鱼毫不犹豫地向小鱼发动进攻，它失败了，然而毫不气馁。接着，它又向小鱼发动第二次更猛烈的进攻，它又失败了，并且受了伤。它又要进攻，第三次，第四次……多次进攻无望后它再也不进攻了。这时心理学家将隔板拿开，鳄鱼仍然一动不动。它只是无望地看着那些小鱼，在自己的眼皮底下悠闲地游来游去。它放弃了所有的努力，最终活活饿死了。

当然我们可以从这个故事当中得到一点启发，其实在人生的道路上，不管遇到何种困难或者遭受何种挫折，都不要轻言放弃。

1989 年，发生在美国洛杉矶的大地震，在不到 4 分钟的时间内，已经波及到了 30 万人。在这一场混乱当中，一位年轻的父亲安顿好受伤的妻子，便冲向他 7 岁的儿子所在的学校。然而，正当他心急如焚地赶到那所学校的时候，只见那昔日充满欢声笑语的教学楼也已成为一片废墟。他伤心至极，跪在地上高声哭喊着儿子的名字。哭了一阵后，他便开始清理瓦砾，他要找到儿子，他想儿子也许还活着呢！这时，不断有其他孩子的父母匆匆地赶来，面对废墟，撕心裂肺地痛哭着，之后就绝望地离开了。只有那个年轻的父亲还在那里不停地挖着。他挖了 4 个小时、8 个小时、16 个小时、32 个小时……疲劳、饥饿、恐惧一齐向他袭来，然而最终他没有停止。他心里只有一个念头，一定要坚持下去，儿子可能还活着。当他挖到第 38 个小时的时候，突然听到从废墟中隐隐约约传出了孩子呼唤的声音。父亲兴奋极了："孩子还活着，快来人哪！"许多过路人赶紧上前帮忙，很快，里面的孩子被救了出来。

　　结果年轻的父亲不但救出了自己的孩子，还救出了另外13个孩子，他们都活着，原来孩子们都躲在墙角里，房顶塌下来时，架了个大三角，他们没被砸着。

　　正是由于这个做父亲的坚定执着，不轻言放弃才找回自己的孩子。当然在人生中也是一样，如果我们坚定自己的目标，勇敢地走下去，必定达到成功。

　　世上没有比脚更长的道路，没有比头更高的山峰。再长的道路只要你勇敢地走下去，一定能到达尽头。许多人都拥有自己崇高的理想，许多人也曾在这艰难的追梦旅程中跋涉过，然而，大多数人却因路途坎坷而最终选择了放弃，以至行百里者半九十。

　　日本松下电器驰名全球，但公司的总裁松下幸之助的一段经历却鲜为人知。据说，松下幸之助年轻时，家庭很困难，靠他一人养家糊口。一次他到一家电器工厂去求职，厂方的一位负责人见他又瘦又小，衣着肮脏，不愿意接受他，就推托说："我们暂时不缺人，一个月以后你再来看看吧。"这本来是托辞，没想到一个月之后，松下幸之助又来了。那位负责人又借口说："现在有事，过几天再说吧。"过了几天，松下幸之助真的来了。如此反复了好几次，那位负责人不得已说出了真心话："你这样脏兮兮的，是进不了我们工厂的。"于是松下幸之助回去后，借钱买了一套新衣服，又返回来。可是，这人又说："你对电器知识了解得太少了，我们不能要你。"两个月后，松下幸之助再次来到这家工厂，说："我已经学了不少有关电器方面的知识，你看我哪方面还有差距，我一项一项地来补。"这位负责人盯着他看了半天才说："我主管人事工作已经几十年了，还是头一次遇到像你这样来找工作的，我真佩服你的耐心和韧劲。"结果松下幸之助成了那家工厂的一位员工，在以后的日子里，又以其不懈的努力慢慢地成为一位非凡的人物。

许许多多的事都在告诉我们，坚持到底就是胜利。在人生的道路上，挫折与失败是在所难免的，当考试屡遭失败的时候，当不幸突然降临的时候，当求职处处碰壁的时候，当因某种原因而下岗的时候，请千万不要轻言放弃，否则你就什么也得不到。

当你努力读书却没有取得好的成绩时，你会放弃读书吗？当你和别人下棋，会因为一步走错就认为全盘皆输吗？当你所想要达到的目的没有达到的时候，你会气馁吗？当你遇到挫折时，会轻言放弃吗？朋友，在你想要放弃的时候，请记住：人有恒，万事成；人无恒，万事空。得到胜利的人并非是跑得最快的，而是最持久的。

无论在何时都不要轻言放弃，要无时无刻地提醒自己"我是最好的"。因为世界上的桂冠都是由荆棘编织而成的。

在人的一生当中，不可能真正一帆风顺，我们的寻梦之路也不可能一直畅通无阻，世上没有永不下雨的天空。我们的命运就是如此。世界上之所以有强者与弱者之分，无非是因为前者在接受命运挑战时说："我永远不会放弃！"而这句话就奠定了他成功的基础。

纵观历史，一个音乐创作者贝多芬，却失去了听觉能力，现实的残酷总是让人无奈的。但在旁人看来，此时打退堂鼓，另择一番事业才是明智的选择，但在这种情况下，他丝毫没放弃自己深深热爱的事业，而是用非凡的勇气抗御了生命的打击，拒世俗的看法于门外，和着人们的嘲笑发誓要"扼住命运的喉咙"。结果他成功了，谱写出了创世佳作——《命运交响曲》。他的名字响遍了全世界，最终成了德国乃至世界著名的音乐家。

如果贝多芬无坚定的信念，无对事业的热烈追求，又何来今日的成果？当时他若轻言放弃，这不经意的一句话肯定会扼杀了世界音乐史上的一位奇才了。当然，不轻言放弃也需要拥有一份人人敬畏的勇气。

不要轻言放弃，因为上帝只把机会留给最后的坚持者！不要轻言放弃，请找回从前的自信，努力拼搏，不懈地前进！不要萎缩！不要彷徨！因为最强的敌人就是你自己！

机遇来于再坚持一下

在前进的困境中，能否坚持坚持再坚持，是一个无论从事何种事业的人能否成功的一个分界线。下边这个故事就是只差最后一步没迈而丧失了巨大财富的事儿。

美国马里兰州的一个青年农夫戴比，曾经被卷入横扫美国的淘金狂的旋风。他卖掉全部家产，到科罗拉多州的矿山去寻觅黄金梦。结果，他真的发现了优秀的金矿。他保守秘密，马上返乡说服朋友，筹措资金购买开凿器具，再度赶赴现场。

眼看自己开采的金矿石一车车地运到精炼所炼出金子，戴比高兴极了。他估计再继续运二三次就可捞回全部资本了。这时候，金矿竟忽然枯竭。戴比拼命地凿掘，但再也掘不出金矿石。

他终于跌入失望的深渊，把开凿器具当做废铁卖给旧货商，颓然返回故乡。后来，为了清偿债务，他付出了莫大的辛劳。

而收买开凿器具的旧货商人，竟是一个脑筋灵活的人，他雇用一个矿山技师，到现场作专门的勘察，结果发现戴比所发现的是断层矿脉。他马上雇用矿工从戴比放弃的地方再掘下去，果然掘不到几公尺就出现蕴藏量丰富的金矿脉。这个旧货商因此变成了百万富翁。这不是传说，而是个事实，是根据勘查找到"宝山"的史实。戴比虽然进入宝山，但因缺乏专门知识，竟未能"百尺竿头，再进一步"而放弃掌中的宝珠。他从报纸上获悉真相后，顿足捶胸，垂头丧气，但已经追悔莫及了。

但他也是一位了不起的人物，他的了不起在于他跌倒后的爬起。

他后来进入一家人寿保险公司当劝诱员，充分活用了他那惨痛的教训。每次他劝诱失败时，他就在心里叫喊："我就是因为疏忽了最后一步，所以不能抓到近在咫尺的黄金！这次，即使被拒绝两三次，乃至十次也不会灰心了！"他抱着这种意志和耐心，深深体会到推销的要诀，结果竟打破一个月劝保百万美元的纪录，终于挽回在矿山丢失的财富。

当成功离我们只有一步之遥时，放弃就是失败，坚持就是成功。因此自立者决不能放弃最后的努力。

每一次成功都来之不易，每一项成就都要付出艰辛。对于志在成功的人而言，不论面对怎样的困境，多大的打击，他都不会放弃最后的努力，因为，"胜利往往产生于再坚持一下的努力之中"。

20世纪60年代末，美国实业家哈默踏上了利比亚的土地。利比亚国王伊德里斯一世在王宫的宴会上对哈默说："真主派您来到利比亚。"这话表示了这位胡子全白的国王对哈默这位世界出名人物的尊重与敬佩。

哈默到了利比亚才发觉，除了美国为维持其轰炸机基地而支付的费用外，利比亚几乎无其他外来财政资助。在早年意大利占领期间，墨索里尼为寻找石油花费了千万美元而一无所获。埃索石油公司也花费了数百万美元，打了好几口井仍不出一点油，只好打道回府。另外还有壳牌公司，耗资数千万美元打出的全是废井，法国石油公司在这里也无收获。

只是当埃索公司准备撤离时却打出了一口油井，于是许多人又重新对利比亚这块土地产生了兴趣，认为说不定这里是一块聚宝盆。

哈默到达利比亚时，正值利比亚政府准备进行第二轮出让租借地的谈判，出租地大多是原先某些公司所放弃的地域。根据利比亚法律，各国的石油公司应尽快开发其租得的地域，如开不出油，就须将部分租借地归还利比亚政府。

谈判开始后，来自9个国家的40多个公司参加了投标。这些公司大致分为三类：一类是财大气粗的国际性大石油公司，像埃索、美孚、壳牌等公司；第二类是像哈默的西方石油公司这样的二梯队，它们的规模较小，但具有行业经验，利比亚也希望其参与竞争；第三类是一些投机性的转包公司，希望得标后再转手卖出，以从中渔利。

尽管哈默同伊德里斯国王建立了良好的私人关系，但公司的规模还是很有限的。哈默与匆匆赶来的董事们分析了第二轮谈判的形势，在四块租借地上投了标。等到开标时，哈默得到了其中的两块。一块是被壳牌等几家组成的"沙漠绿洲"财团认为无望出油而放弃的地块；另一块是莫尔比石油公司耗资百万美元探出尽是干井而匆匆撤走的地块。

哈默对得标的两块地并不很满意，但他还是下了大本钱，立即开始打井。刚开始，公司在第一块租借地打的头三口井滴油不见。西方石油公司第二大股东里德坚持要撤出利比亚，说："这里不是我们这样的小公司应该落脚的地方，已扔了 500 万美元，还能扔得起多少？"

这是一番经验之谈。小公司不可能花大本钱开采这种没有几分把握的地块，但是哈默的第六感觉却促使他坚持在这里扎下去，他认为不应该放弃最后的努力。

几周后，西方石油公司的一台钻机在几家大石油公司所放弃的地块下面钻出了油，接着又打出了 8 口油井。而且这是一种含硫量极低异乎寻常的高级原油。每天可产 10 万桶原油。更重要的是，这个奥吉拉油田在苏伊士运河以西，产出的石油通过地中海和直布罗陀海峡，不到 10 天就可以运抵石油奇缺的欧洲国家。而当苏伊士运河不通时，大量的阿拉伯石油只有被迫绕道好望角，历时两个月才能运抵欧洲。

与此同时，哈默的好运气又在第二块租借地上出现了。西方石油公司利用新的地震勘探技术，仅耗资 100 万美元就打到了一口珊瑚礁油井，不用油泵，石油也会无休止地喷涌而出。不久又打出了第二个日产7．3万桶原油的珊瑚礁油井。

至此为止，哈默这个规模不大的西方石油公司竟成了利比亚最大油田的主人。他得到了比奇特尔公司的支持，着手进行一项耗资达1．5亿美元的油田开发计划。他要铺设一条耗资巨大的输油管道，全长130英里，日输送原油100万桶，是利比亚境内最大的输油管。

哈默这种"追求目标，不放弃最后的努力"的执着精神，是我们每个创业者必须学习的。浅尝辄止、遇难就退，是创业的大忌，也是人生失败的致命原因。

自己拯救自己，需要不停地追求，需要不断地努力，更需要无论多么艰难也绝不放弃。

找准目标，获取机遇

一流的目标，造就一流的人生；追求人生卓越的大目标，会让生命之火燃烧得更旺。实现人生的大目标，需要锲而不舍地努力，需要永不言败的执著，需要矢志不渝的毅力。拥有人生的大目标，就会拥有无穷的成功机遇。你可以有很多目标，但是你一定要有一个核心目标。一旦你确立这个核心目标后，就要全力以赴朝这个目标去做。

设定目标，付诸行动

一个人没有目标，就像一艘轮船没有舵一样，只能随波逐流，无法掌握方向，最终搁浅在绝望、失败、消沉的海滩上。只有确实地、精细地、明确地树立起目标，你才会认识到你体内所潜藏的巨大能力。有了清楚的目标，你就能够在一两年之内完成一般人需要十年甚至二十年才可能达到的成就。

人们失败的原因之一经常是人的行动茫然无所适从，相反，成功的原因之一就是逐步实现了一个有意义的既定目标。

1952年7月4日清晨，加利福尼亚海岸笼罩在浓雾中。在海岸以西21英里的卡塔林纳岛上，一个34岁的女人涉水下到太平洋中，开始向加州海岸游过去。要是成功了，她就是第一个游过这个海峡的妇女。这名妇女叫弗罗伦丝·查德威克。在此之前，她是从英法两边海岸游过英吉利海峡的第一个妇女。那天早晨，海水冻得她身体发麻，雾很大，她连护送她的船都几乎看不到。时间一个钟头一个钟头过去，千千万万人在电视上看着。有几次，鲨鱼靠近了她，被人开枪吓跑。她仍然在游。在以往这类渡海游泳中她的最大问题不是疲劳，而是刺骨的水温。15个钟头之后，她又累又冷。她知道自己不能再游了，就叫人拉她上船。她的母亲和教练在另一条船上。他们都告诉她海岸很近了，叫她不要放弃。但她朝加州海岸望去，除了浓雾什么也看不到。

几十分钟之后，从她出发算起是15个小时零55分钟之后

——人们把她拉上船。又过了几个钟头，她渐渐觉得暖和多了，这时却开始感到失败的打击。她不假思索地对记者说："说实在的，我不是为自己找借口。如果当时我看见陆地，也许我能坚持下来。"

人们拉她上船的地点，离加州海岸只有半英里！后来她说，令她半途而废的不是疲劳，也不是寒冷，而是因为她在浓雾中看不到目标。查德威克小姐一生中就只有这一次没有坚持到底。两个月之后，她成功地游过同一个海峡。她不但是第一位游过卡塔林纳海峡的女性，而且比男子的纪录还快了大约两个钟头。

查德威克本来是个游泳好手，但也需要看见目标，才能鼓足干劲完成她有能力完成的任务。当你规划自己的成功时千万别低估了制定可测目标的重要性。

曾经有这样一则报道：有300条鲸突然死亡。这些鲸在追逐沙丁鱼时，不知不觉被困在一个海湾里。弗里德里克·布朗·哈里斯这样说："这些小鱼把海上巨人引向死亡。鲸因为追逐小利而暴死，为了微不足道的目标而空耗了自己的巨大力量。"

没有目标的人，就像故事中的那些鲸。他们有巨大的力量与潜能，但他们把精力放在小事情上，而小事情使他们忘记了自己本应做什么。

一次性商品之父马塞尔·比克的经营哲学的基础是他着眼于大众市场的长期需要。他确立一个目标，就会不屈不挠地集中精力实现这个目标。

马塞尔·比克发明了一种一次性使用的或者说使用后可丢弃的圆珠笔。他花了两年时间开发一种价廉但非常可靠的笔，于 1950 年获得成功，并试图把一次性使用的圆珠笔的发明出售给当时主要的制笔商。他们拒绝了他的建议，这是司空见惯的。他们说，他根本不了解复杂的世界销售体系的微妙之处。他只有三种选择：忘了自己的想法，只当没有这回事；自行制造这种产品，并向小型批发商出售；建立他自己的制笔公司和销售系统。比克在这三种选择面前，遵循第一流企业家的传统，决心创造他自己的品牌，建立他自己的销售系统。他的明确目标后来使他获得了巨大的成功。

许多人都犯着一个同样的错误，对生活提供的巨大的财富，只能收获到一点点。尽管未知的财富就近在眼前，他们却得之甚少，因为他们没有目标，只能盲目地、毫不怀疑地跟着圆圈里的人群无目的地走。

做想当将军的士兵

成功人士能把握现在，在现实中通过努力实现自己的目标，正如希拉尔·贝洛克说："当你做着将来的梦或者为过去而后悔时，你唯一拥有的现在却从你手中溜走了。"

虽然目标是朝着将来的，是有待将来实现的，但目标使我们能把握住现在。为什么呢？因为这样能把大的任务看成是由一连串小任务和小的步骤组成的，要实现任何理想，就要制定并且达到一连串的目标。每个重大目标的实现都是几个小目标小步骤实现的结果，所以，如果你集中精力于当前手上的工作，心中明白你现在的种种努力都是为实现将来的目标铺路，那你就能成功。

合理的目标能帮助我们事前谋划，它迫使我们把要完成的任务分解成可行的步骤。要想绘制一幅通向成功的交通图，你就要先有目标。正如18世纪发明家兼政治家富兰克林在自传中说的：“我总认为一个能力很一般的人，如果有合理的目标，是会有大作为的。”

布罗迪是英国教师，在整理阁楼上的旧物时，发现了一摞练习册，它们是皮特金幼儿园B2班31位孩子的春季作文，题目叫：未来我是——

他本以为这些东西在德军空袭伦敦时，在学校里被炸飞了。没想到，它们竟安然地躺在自己家里，并且一躺就是50年。

布罗迪顺便翻了几本，很快被孩子们千奇百怪的自我设计迷住了。比如：有个叫彼得的小家伙说，未来的他是海军大臣，因为有一次他在海中游泳，喝了3升海水，都没被淹死；还有一个说，自己将来必定是法国的总统，因为他能背出25个法国城市的名字，而同班的其他同学最多的只能背出7个；最让人称奇的，是一个叫戴维的小盲童，他认为，将来他必定是英国的一个内阁大臣，因为在英国还没有一个盲人进入过内阁。总之，31个孩子都在作文中描绘了自己的未来：有当驯狗师的，有当领航员的，有做王妃的，五花八门，应有尽有。

布罗迪读着这些作文，突然有一种冲动——何不把这些本子重新发到同学们手中，让他们看看现在的自己是否实现了50年前的梦想。

当地一家报纸得知他这个想法，为他发了一则启事。没几天，书信向布罗迪飞来。他们中间有商人、学者及政府官员，更多的是没有身份的人，他们都表示，很想知道儿时的梦想，并且很想得到那本作文簿，布罗迪按地址一一给他们寄去。

一年后，布罗迪身边仅剩下一个作文本没有人索要。他想，这个叫戴维的人也许死了。毕竟50年了，50年间是什么事都会发生的。

就在布罗迪准备把这个本子送给一家私人收藏馆时，他收到内阁教育大臣布伦克特的一封信。他在信中说：那个叫戴维的就是我，感谢您还为我们保存着儿时的梦想。不过我已经不需要那个本子了，因为从那时起，我的梦想就一直在我的脑子里，我没有一天放弃过；50年过去了，可以说我已经实现了那个梦想。今天，我想通过这封信告诉我其他的30位同学，只要不让年轻时的梦想随风飘逝，成功总有一天会出现在你的面前。布伦克特的这封信后来被发表在《太阳报》上，因为他作为英国第一位盲人大臣，用自己的行动证明了一个真理——假如谁能把6岁时想当总统的愿望保持50年，那么他现在一定已经是总统了。

一心向着自己目标前进的人，整个世界都会给他让路。

成功等于目标，爱迪生说："要成功，首先必须设定目标，然后集中精神向目标迈进。"

你的人生目标不妨定得高远些，如果经过全力打拼，没有实现，那么至少也要比目标定得太低的人实现的多。

林肯认为："喷泉的高度不会超过它的源头，一个人的事业也是这样，他的成就决不会超过自己的信念。"拿破仑·希尔

说："记住，定高远的人生目标，要求富足与成功，并不比接受
不幸和贫穷艰难。"

锁定目标，世界也为你让路

仔细分析成功商人的人生历程，你会发现，他们除了不容
忽视的才能外，更主要的是他们对利润的明确追求，往往在尚
未开始行动之前，他们就已经有了极其具体的赚钱目标。没有
靶心你怎么射箭呢？只有设定目标，你才能有的放矢，你才会
把力量集中到一点，你才会成功。没有目标一生漫游，那是不
会成功的。一个人未来的一切都取决于他的人生目标。

松下幸之助给年轻人的忠告：一个人没有目标，就会不思
进取，进而也无法成功。给自己树立一个目标，然后向着目标
前进，这就是成功的秘诀。

穷人没有核心目标或有数个核心目标，而富人只有一个核
心目标！

富人永远清楚地知道自己在什么位置上，也明白自己要到
什么位置上去，更知道从这个位置向那个位置移动时，自己应
该做什么。让我们看看富翁米歇尔先生爬出穷人堆的历程：

从 16 岁开始，米歇尔先生就尝试做过餐饮业、服装业、保
健品业、美容业。遗憾的是每个行业他都没有做成功。于是，
他开始到处去寻求成功之道，但是每一个人对成功的定义都不
一样，到底什么才是真正的成功呢？

经过多年的摸索，他终于明白：成功就是一定要有核心目

标。在他 20 岁以前，实现目标的几率几乎是零。因为所有的书都告诉他：每一个人设定目标一定要多方面，每一个大大小小的目标都要设定出来，可是这些目标一个都没有实现。直到 21 岁那一年，他终于明白，那就是你可以有很多目标，但是你一定要有一个核心目标。一旦你设立出这个核心目标，就要全力以赴朝这个目标去努力。只要一旦实现这个目标，其他的几乎也会跟着实现。这就是设立核心目标的好处。

英国一家外贸公司的老板，出差到美国发现了很赚钱的星巴克咖啡屋。回到英国后，就开了一家星巴克咖啡屋在英国的连锁店，一下子就火爆了起来。

穷人和富人做生意都想赚钱。可是穷人有穷人的办法，富人有富人的主意，二者的手法有着本质上的不同。做生意，首先要做一个观念上的富人。穷人一生就是在做事情，每做完一件事情，就需要获得一点回报，然后再去做另外一件事情，再获得回报。富人一生就是在做事业，做事业的开始有可能没有回报，甚至是亏本，但是他真正地把事业做完善的时候，获得的回报可能是一个世界。富人在实在没有办法的时候也做事情。但他会把做事情看做是事业的开始，他不会永远地停留在做一件事情上，哪怕这件事情已经改善了他的生活。富人想改变的是命运，而穷人想改变的是生活。富人不会像穷人那样因为手里有了钱而沾沾自喜，他们反倒变得心事重重起来。因为他们的核心目标是干一番大事业。真正的富人永远清醒地知道自己在干什么，自己准备干什么。而真正的穷人却不知道自己为了什么活着，哪怕自己整天地喊着活着没劲。富人的等待是为了寻找一鸣惊人的机会，就像猎人等待猎物的出现一样，在等待的过程中是注意力集中，不停地进行分析和思考的。而穷人的等待则是非常盲目地不知所措地度日如年，在消耗自己的生命。可能他也知道自己在等待机会，但却不知道自己在等待什么样的机会。请记住：有什么样的核心目标，就会有什么样的人生。

抓牢机遇的手臂

机遇，来去匆匆，瞬息而过。古谚语说得好："机会老人先给你送上它的头发，如果你一下没有抓住，再抓就会撞到它的秃头了。"不失时机地、准确地把握机遇，对步入成才之路的年轻人至关重要。握住机遇的关键是要思维敏捷、及时捕捉，莫让它轻易溜走，以至一失"机"成千古恨。

别让机会溜走

其实机遇并不是那么难测，它的奥秘也不像许多人想象的那么神秘深远。机遇经常在你身边，在你伸手够得着的地方。很多人不善于培养自己发现眼前机遇的习惯，总以为机遇远在他方。能拼能赢者都是有心的人，因为他们不会让任何一次机遇从自己的眼皮底下轻易溜走。

在生活中我们常常会舍近求远，到别处去寻找自己身边就有的东西。而机遇往往就在你的脚边，准确地讲，是在你的眼皮底下。

　　日本的御木幸吉就是由于受到偶然见闻的启发而给自己的事业带来了转机。

　　那是一次海外航行，他带领一艘满载乌龟的船，向香港进发，不料遭遇海上风暴，抵港时，所有的乌龟都死掉了，损失极为惨重。他伫立海边，感到前途渺茫。这时，他旁边有两个中国人在做珍珠交易，对话声传到他的耳中。这一段偶然的对话使他茅塞顿开："珍珠不是比乌龟还贵重吗？天然的珍珠非常有限，为什么不搞人工繁殖？"他立即进行调查访问，打听到中国洞庭湖有人将佛像放入珍珠贝（阿古屋贝）里，制造出过佛像珍珠。他就专心研究生产珍珠的原理，最后他创造了将玻璃珠塞进珠母贝而生产大型珍珠的最好方法，开创了他的珍珠养殖事业，从而成了享誉世界的"珍珠大王"。

　　偶然的所见所闻里常常也蕴藏着不尽的机遇，能否利用好一些意外信息，会成为一个人在某些事情上成与败的转折点。

　　中国人过去一贯鄙视道听途说，而善于动脑子的御木幸吉的致富思路，则恰恰始于道听途说。道听途说，其实也是收集信息的渠道之一。问题在于御木幸吉并不满足于道听途说，而是听了便想，想了还要进行调查研究，调查研究之后，他能得出比常人更高明的结论，他能在他人的基础上有所突破，有所创新。

在变化中抓住机遇

1911 年，辛亥革命爆发，以推翻清王朝为目标的革命风潮席卷神州大地。革命胜利的消息也传到偏僻的山乡，这使刘伯承回想起任贤书先生极力倡导武功的教诲，他第一次强烈地感到武力的神圣和强大。于是，辍学务工的他做出了自己的选择，即参加反对清政府的学生军，以自己的武力投入到打倒封建统治、拯救民族的伟大斗争中。

有朋友劝他去经商，他却认为"国家兴亡，匹夫有责"，男子汉大丈夫应仗剑拯民于水火，而不能只顾个人的富贵与安逸。从此，他义无反顾地投身于武力救亡的革命事业中去。

面对历史的巨变所产生的伟大机遇，不同的人做出了不同的选择。而刘伯承则一眼看破了那个时代的本质，勇敢地做出了自己的选择，从而把自己的命运与历史的命运紧紧联系在一起，终于成为一代伟人。

对外界变化要保持敏捷的耳目，必须常搜集信息、下一番苦功钻研。如果有心从事研究，非得先明确人生目标与工作目标。其实，在日复一日的生活当中，能够满足你愿望的机会俯拾皆是。

总之，不要老是等待机会来临，要在变化中突破。

人生不如意时，与其整天哀怨，不如自己在变化中寻找机会。外界变化之日，正是机会降临之时。这里所谓的"变化"，有时得靠自己创造，有时则是命运突然丢给你的。

不论情形如何，重要的是，不要害怕变化，也不要放弃努力的决心。

即使处境令你难堪，也要当作是"给你一次经验的机会，有益无害"，"这正是激发自己的潜能的好时机"。那么原以为是"祸"的事情可能化解为"福"了。如果你认为事业的最终目的在于自我实现而不仅是赚钱，那么对你来说选择自己想做的、自己喜欢的工作，便是再自然不过的事了。

在变化中寻找，在创造中发现，只要你的决心够大，你的眼光够准，人生关键的突破口总能找到，因为变化时时在你身边。

无论谁都承认，有了变化才有转折的机遇，失去变化，坏不能变好，好也不能变成更好。没有变化，贫的仍贫，富的不会更富。变化是永恒的，世界是个不断变化的万花筒。无论你愿不愿意承认，变化都是客观存在的。其实我们不应害怕变化，因为变化意味着机会，我们要做的是顺应变化，利用变化，然后在变化中寻找人生的突破口，从而以一往无前的奋斗，改变自己的命运。

1979 年，李嘉诚成功收购英资集团和记黄埔，轰动香港，也引起国际注目。和记黄埔是和记企业与黄埔船坞合并而成，合并之前，和记企业经历 1973 年股灾和 1974 年石油危机，业务一落千丈，李嘉诚由汇丰银行注资，成为和记的大股东。

1977 年和记与黄埔合并，1979 年汇丰银行不把和记黄埔的股份卖给英资集团，而卖给华资的李嘉诚。这固然由于长江实业发展蓬勃，李嘉诚的企业才华深受赞赏，但政治形势的奥妙变化，也是促成汇丰银行董事局决定的重要因素。

《李嘉诚成功之路》一书写道：这种现象绝非偶然，乃是香港新的过渡时期的产物。汇丰银行此举进一步改善了它与华资集团甚至与中国的关系。汇丰银行董事局的主席沈弼……不会不注意到李嘉诚是中国（内地）政府所信赖的爱国者，可以在对汇丰银行与中国政府的沟通，起着某种特殊作用。

该书又引述和记黄埔董事局主席助理的话说："香港目前的政治与经济因素是促使上海汇丰银行决定不将和记股权转让与其他英籍人士控制的公司。"又说："银行方面是乐意见到该公司由华籍人士控制的。"毋庸置疑，李嘉诚的这次成功是变化的环境带来的，但环境变化带来的机遇还需要你主动去把握，否则就算天上掉馅饼，也不会掉在你头上。所以在变化的环境中该出手时就出手，而且出手一定要出对，缘木求鱼是无结果的。在关键的历史变化时刻，如果选错了方向，结果将不可想象。

尝试成就机遇

好运就在尝试中，不尝试永远不会成功。

狼族不会将任何事物视作理所当然，它们倾向于亲身的体验与研究。对于狼来说，整个世界上的每一种事物，都蕴含着无尽的可能——神秘、新奇的发现，或意外惊喜。

由于好奇，狼就去尝试，并通过尝试来学到更多的知识，这也是它们经常使用的学习方式。也正是因为不断的尝试，狼才获得了超凡的能力，才能在动物界一直存在下来，并具有如人一样的智慧。

成功多来自于不断的尝试，要敢为人先，不尝试就不会有成功。

亚洲有一家穷人，在经过了几年的省吃俭用之后，他们积攒够了购买去往澳大利亚的下等舱船票的钱，他们打算到富足的澳大利亚去谋求发财的机会。

为了节省开支，妻子在上船之前准备了许多干粮，因为船要在海上航行十几天才能到达目的地。孩子们看到船上豪华餐厅里的美食都忍不住向父母哀求，希望能够吃上一点，哪怕是残羹冷饭也行。可是父母不希望被那些用餐的人看不起，就守住自己所在的下等舱门口，不让孩子们出去。于是，孩子们就只能和父母一样在整个旅途中都吃自己带的干粮。

其实父母和孩子们一样渴望吃到美味食物，不过他们一想到自己空空的口袋就打消了这个念头。

旅途还有两天就要结束了，可是这家人带的干粮已经吃光了。实在被逼无奈，父亲只好去求服务员赏给他们一家人一些剩饭。听到父亲的哀求，服务员吃惊地说："为什么你们不到餐厅去用餐呢？"父亲回答："我们根本就没有钱。"

"可是只要是船上的客人都可以免费享用餐厅的所有食物呀！"听了服务员的回答，父亲大吃一惊，几乎要跳起来了。

如果他们当时肯问一问就不至于在一路上都啃干粮了。他们不去问船上的就餐情况，最根本的原因是他们没有去问的勇气，因为他们在自己的脑子里早就为自己设了一个限——穷人是没钱去豪华的餐厅里享受美味的食物的，于是他们就错过了十几天享受美食的机会。

由于没有勇气尝试而无法获得成功的事情其实又何止这些！也许你几番尝试，最终也不见得就会取得成功，但是如果你不鼓足勇气去尝试，那就永远没有成功的机会。

很多人抱怨上天不赋予自己成功的机会，感慨命运捉弄自己。其实机会就在他们身边，只是因为他们自己害怕困难而主动放弃了，而机会一旦丧失，就很难重新拥有。这也正是那些穷人经常无法成功的原因。很多时候，只要积极地尝试过、努力过，纵然没有取得成功，你也毕竟拥有了经验，而且你的精神意志也会在不断的尝试过程中逐渐得到锻炼和提升。想做就去做！只有做了，你才能真正懂得它对你意味着什么，敢于尝试是开启成功大门的钥匙，好运就在尝试中。拿破仑有这样一句名言：统治世界的是想象力！

你身边总有一些喜欢幻想的人，他们对任何事情都喜欢提出一些看上去不合逻辑的奇思妙想，他们的想法常常被当作笑料传播。不过，就在大家的笑声中，他们却获得了成功。一旦有了好设想，就该试试看！

没有所谓失败，除非你不再尝试。勇敢尝试，而后失败，远胜于畏首畏尾，原地踏步。

当初只要带几千元进股市，几年后便会成为百万富翁；当初只要几百元你愿意去摆地摊十年后就可能成为大老板。有人会说："当初我要是做，一定会比他们赚得更多。"不错！你的能力或许比他强、你的资金或许比他多、你的经验或许比他足，可是明摆着就是当初你的一念之差，你的观念决定了当初你不会去做，你的观念决定了你在十年后的今天涛声依旧，不同的观念最终导致了不同的人生。

有些人对指正他人得失十分拿手，对人生的道理也能讲得头头是道，但是他们不知道：真正的勇者应该是亲身投入人生的战场，即使脸上沾满污水与灰尘，也会勇敢地奋战下去。遇到挫折或错误时，他会修正自己重新来过。为了达到自己崇高的目标，他会尽最大努力去争取，即使未臻理想，他也不会丧气，因为他知道勇敢尝试而后失败，远胜于畏首畏尾、原地踏步。

真正成功的人在每个机遇来临的时候，总是积极地迎接、大胆地尝试、全身心地投入去开拓、去完善，在多数人还不认可的时候已经付出了辛勤的汗水和心血，甚至是在多数人鄙夷的眼光里成功的。

想做就去做！只有做了，你才能晓得它对你意味着什么，敢于尝试是开启成功大门的钥匙。

富人的成功经验是一样的，穷人的经历也是一样的。穷人，总是以老的思想和观念去判别新生事物的产生和发展，在他们的思想中有饭吃、有个稳定的工作就可以美满地度过一生了。殊不知如果按他们的思想和观念，就没有现在高科技时代的到来，也就没有了现在的众多的精神和物质生活的改善。虽然他们也经历了很多，但是他们在每次遇到点挫折和困难后就以种种的理由退缩了，他们在离人生转折点只差那么一点点的时候放弃了。"不经历风雨，怎能见彩虹"是每个成功人士的真实写照。

其实，成功与否给每个人的机会都是相等的。只不过那些具备胆识、勇于挑战的富人比穷人勇于尝试，不安于现状，有远大的理想和目标。有梦想就有希望，敢尝试就能成功。机遇就在面前，尝试就能成功。安于现状的人没有理想，没有理想的人永远不会有波澜壮阔的辉煌，只有那些敢于尝试、勇于挑战、拼搏进取的人才能领悟到成功的真谛。

请记住：每个人成功的机会都是相等的。只不过那些具备胆识、勇于挑战的人比平常人容易抓取罢了。

跳起来抓住机会

我们既然有成功的欲望，就要敢于承担风险，只有这样才能够最终实现伟大的目标。

"幸运喜欢光临勇敢的人，冒险是表现在人身上的一种勇气和魄力。"一位成功者如是说。

冒险与收获常常是结伴而行的。险中有夷，危中有利。要想有卓越的结果，就得敢冒风险。

在历史上有过这样一件发人深思的事：1498 年，意大利航海家哥伦布发现新大陆凯旋时，西班牙女王为他举行了庆祝大会。

在宴会上，有人满不在乎地说：这没有什么了不起，大陆本来就在那里，不过正好被他碰上了。

哥伦布听后，没有直接回答别人的挑衅，而是拿起一个鸡蛋，对在座的人说："先生们，你们当中有谁可以使这个鸡蛋竖立起来吗？"在场的人面面相觑，表示无能为力。只见哥伦布拿起鸡蛋，将它往桌子上轻轻一磕，鸡蛋矗然而立。

人们为之愕然，但仍有人不以为然地说："这也没有什么了不起，熟鸡蛋本来就可以立起来的。"

这时哥伦布以极其平静的语调说："是的，许多事物本来都在那里，可是有人将它发现，有人却没有发现，差别就这么一点。"

正是这么一点差别，使哥伦布冒着生命危险，历经千辛万苦，横渡大西洋，遇上机会"碰上了"新大陆。

1847年，英国的辛普逊和他的同事，为了寻找最佳麻醉药物，解决手术中病人的疼痛问题，也是冒着生命危险，对数量众多的化学药品一样一样亲自进行试验的。

当辛普逊的助手关门的时候，偶然发现在门后有一瓶药品。他拿起来一看，是法国化学家杜马寄来的。辛普逊决定拿来试试。晚饭后，他们各自喝了少许，很快几个人都睡过去了。当他们醒来时，几个人像孩子似的大喊大叫地互相拥抱、欢呼，试验成功了。凭着他们的无畏精神，终于发现了理想的麻醉药。

我们与他们的差距在哪里？我们虽然有成功的欲望，却不敢冒险，那怎么能够实现伟大的目标？

世上没有万无一失的成功之路，动态的时代总带有很大的随机性，各要素往往变幻莫测，难以捉摸。所以，要想在波涛汹涌的人生之旅中自由遨游，非得有冒险的勇气不可。

在不确定性的环境里，人的冒险精神是最稀有的资源。

曾有管理学理论认为：克服不确定、不完善性的最好的方法，莫过于组织内拥有一位具有冒险性的战略家。

在成功者的眼中，人生本身就是一种挑战，一种想战胜别人赢得胜利的挑战。

希望成功又怕担风险，往往就会在关键时刻失去良机，因为风险总是与机遇联系在一起的。从某种意义上说，风险有多大，成功的机遇就有多大。

具有过于求稳心理的人常常会失掉一次次发财的机会，那是过度的谨慎束缚住了他们的大脑和手脚，令机遇滑过。不尝试而失败、不战而败如同运动员竞赛时的弃权，是一种令人极端愤慨的行为。

一个成功的人，必须具备坚强的毅力，以及"拼着失败也要试试看"的勇气和胆略。

当然，冒风险也并非铤而走险，敢冒风险的勇气和胆略必须建立在对客观现实的科学分析的基础之上。顺应客观规律，加上主观努力，力争从风险中获得效益，是成功者必备的心理素质，这就是人们常说的有胆有识。

冒险与成功常常是孪生姊妹。险中有夷，危中有利。要想有卓越的成功，就得去冒极大的风险。

果断抓住机遇

要想捕捉成功的机遇，就必须擦亮自己的眼睛，使自己的双眼不要蒙上一丝灰尘，随时随地做好迎接机遇的准备。只有这样，你才能够在机遇到来的时候伸出自己的双手，从而捕捉到成功的机遇。成功的人之所以能够每每抓住成功的机遇，完全是由于他们在生活中处处都很留心，他们具有一双捕捉机遇的慧眼。当机遇来临的时候，他们就能迅速地做出反应，从而把机遇牢牢地抓在自己的手里。

抓住机遇改变自己

机遇的发现，既依赖于机遇是否出现，也依赖于人们对机遇的认识和体会。对于同一现象的"意外出现"，是否把它视作机遇，怎样估价机遇价值的大小，看法往往会因人而异。

那么，我们应该怎样适时地抓住机遇呢？

第一，要有一个需要解决的问题摆在桌上。只有如此，思考解决问题时，才会有产生捕捉机遇的需要。所谓抓住机遇，就是借助机遇来更好地解决现有问题，创造更好的成绩，若没有问题需要解决，那再好的机遇也毫无作用。

第二，深信不疑地相信，每个人都会碰上机遇，这样有助于我们主动地积极地去关心和注意机遇的来临，从心里面对它有一种渴求感。

第三，要有捕捉机遇的强烈欲望，这是一种不可缺少的精神动力，它会激发我们在纷繁复杂的众多现象中随时随地地留意机遇的出现，并保持高度的警觉和敏感。

第四，要做好抓住机遇的精神和物质的双重准备。不同的工作与活动，所需的准备是不同的。对于那些白驹过隙转瞬即逝的机遇，只有提前做好充分的准备，才能不与它失之交臂、徒唤奈何。

法国著名生物学家巴斯德曾说过这样一句名言："机遇只偏爱那种有准备的头脑。"

抓住机遇，除了需要"有准备的头脑"外，目光敏锐，善于观察和勤于思考也非常重要。

机遇常常是在人们意料之外的时间和场合突然出现，同时混杂和隐藏于众多的寻常现象之间，不具有一定的"火眼金睛"，就很难发现它，更谈不到抓住它了。

在对事物的观察上，众多的科学家都遵循这样一个规则：把熟悉的事物看成是陌生的，用新的观点去解释它；另一方面把陌生的事物看成是熟悉的，要有自己的尺度去衡量它。

机遇有的明显，有的隐蔽；有的长久，有的昙花一现；有的似是而非，有的似非而是。如果不认真细致地逐一审视、检查和筛选，是很难及时发现和抓住的。

但我们千万不要忘记的是、脑海中经常闪现的是：机遇是获得某种成功的重要线索，是事业腾飞的重要契机，千万不要与机遇失之交臂！

该出手时就出手

汉斯与邦德是非常要好的朋友。几年前，两人看到本地的人们开始摆脱过去那种自给自足的生活方式，穿鞋戴帽都趋向了商品化。于是，两人决定每人办一家服装厂。汉斯说干就干，立即行动起来。没用多长时间，就将产品推向了市场。

而邦德却多了个心眼，他想先看看汉斯的服装厂效益怎么样，因此没有行动。汉斯的服装厂开办不久，确实遇到了很大困难：市场打不开，产品滞销，资金周转不灵，工资不能按时发放，工人的积极性下降……见此情况，邦德心中暗自庆幸自己没有盲目行动，否则也会陷入困境。但是顽强的汉斯没有在困难面前倒下，他针对困难一一想出解决办法。一年后，他的服装厂终于渡过难关，利润滚滚而来。

看到汉斯的腰包一天天鼓起来，邦德后悔莫及。于是，他也开办了一家服装厂，但已为时过晚。由于早办了一年，汉斯赢得了众多客户和广阔市场，而邦德的客户寥寥无几。几年之后，汉斯的营销网络遍及美国各地，拥有数亿元资产。邦德的服装厂却只能为朋友的鞋厂进行加工，资产更是少得可怜。

这两位朋友同时看到了机会，但汉斯马上行动，占尽先机；邦德却犹豫观望，坐失良机，最后走上两条不同的人生轨道。

如果你一直在想而不去做的话，根本成就不了任何事。

拿破仑说过："行动和速度是制胜的关键。"每一个成功富有的人士都是在最短的时间采取最有效率而且大量的行动。

古希腊哲学家苏格拉底说："要使世界动，一定要自己先动。"一个成熟的人，就是一个不需别人提醒，也能够自觉、主动行动的人；而那些驴子拉磨似的人，那些当一天和尚撞一天钟的人，那些拖拖拉拉、不求有功、但求无过的人，注定只能原地踏步，甚至被时代解雇，被职场拒签。

立即行动，永远不要等待。在工作生活中，我们一定要做一个积极主动的人。

抓住万分之一的机会

机遇总会倏尔降临在你身边，如果你稍有不慎，她又翩然而去。不管你怎样扼腕叹息，她却从此杳无音讯，不再复返了。

人生中，时机的把握甚至完全可以决定你未来的人生。所以，要抓住每一个可能的机会，哪怕那种机遇只有万分之一的可能。

爽朗的秋天，溪流上有很多随波逐流的落叶。有的悠悠而过，很快就看不见了，而靠近河岸的落叶，却慢慢地飘荡着，有的被卷入旋涡里，有的漂到静水处，动也不动。

人生就像流水，有的人在一个地方打转转，有的人乘着急流往下游奔驰。你乘着这道流水，也许就在岸边优哉游哉，好几年才移动那么一点点，甚至完全静止不动。随波逐流的落叶，只有听天由命，是无可奈何的。它的前途，完全由风向与水流决定。然而，你却可以自己决定前途，不必老呆在静止不动的静水处。你可以向水流中央游去，乘着急流，去寻找新机遇，你所需要的，就是用自己的力量向着急流游去。

这个到不到激流中去的问题，是每一个人在一生中总会碰到的问题。这时候，如果有自信心的人，必将挺身接受考验，毅然跳进未知的世界中，向中心处游去。他们知道，只要肯冒险，必定可学到新的经验。懦弱的人、怕变化的人，只好躲在原来的安全地方，眼巴巴望着别人乘着急流往前直奔。

美国但维尔地方的百货业巨子约翰·甘布士就是一个敢于冒险、善于冒险，最终乘着急流欢快地往下游驶去的人。

约翰·甘布士的经验极其简单："不放弃任何一个哪怕只有万分之一可能的机遇。"

有不少"聪明人"对此是不屑一顾的，他们的理由是：

第一，希望微小的机遇，实现的可能性不大；

第二，如果去追求只有万分之一的机遇，倒不如买一张奖券碰碰运气；

第三，根据以上两点，只有傻瓜才会相信万分之一的机遇。

有一次，甘布士要乘火车去纽约，但事先没有订妥车票，这时恰值圣诞前夕，到纽约去度假的人很多，因此火车票很难购到。

甘布士夫人打电话去火车站询问：是否还可以买到这一天的车票？车站的答复是：全部车票都已售光。不过，假如不怕麻烦的话，可以带着行李到车站碰碰运气，看是否有人临时退票。车站反复强调了一句：这种机会或许只有万分之一。

甘布士欣然提了行李，赶到车站去，就如同已经买到了车票一样。

夫人问道："约翰，要是你到了车站买不到车票怎么办呢？"他不以为然地答道："那没有关系，我就好比拿着行李去散了一趟步。"

甘布士到了车站，等了许久，车快开了，退票的人仍然没有出现，乘客们都向站台涌去了。

但甘布士没有急于往回走，而是耐心地等待着。

大约距开车时间还有五分钟的时候，一位夫人匆忙地赶来退票，因为她的女儿病得很严重，她只好取消这次旅行。甘布士买下那张车票，搭上了去纽约的火车。

到了纽约，他在酒店里洗过澡，躺在床上给他太太打了一个长途电话。

在电话里，他轻松地说："亲爱的，我抓住那只有万分之一的机遇了，因为我相信一个不怕吃亏的笨蛋才是真正的聪明人。"

有一年，但维尔地方经济萧条，不少工厂和商店纷纷倒闭，被迫贱价抛售自己堆积如山的存货，价钱低到1美金可以买到100双袜子了。

那时，约翰·甘布士还是一家织造厂的小技师。他马上把自己积蓄的钱用于收购低价货物，人们见他这样做，都公然嘲笑他是个蠢材！

约翰·甘布士对别人的嘲笑漠然置之，依旧收购各工厂抛售的货物，并租了很大的货仓来贮货。他的妻子劝说他，不要把这些别人廉价抛售的东西都购入，因为他们历年积蓄下来的钱数量有限，而且是准备用做子女教养费的。如果此举血本无归，那么后果便不堪设想。

对于妻子忧心忡忡的劝告，甘布士笑过后又安慰她道："三个月以后，我们就可以靠这些廉价货物发大财。"甘布士的话似乎兑现不了。

过了十多天后，那些工厂贱价抛售存货也找不到买主了，便把所有存货用车运走烧掉，以此稳定市场上的物价。他太太看到别人已经在焚烧货物，不由得焦急万分，抱怨起甘布士，对于妻子的抱怨，甘布士一言不发。

终于，美国政府采取了紧急行动，稳定了但维尔地方的物价，并且大力支持那里的厂商复业。这时，但维尔地方因焚烧的货物过多，存货欠缺，物价一天天飞涨。约翰·甘布士马上把自己库存的大量货物抛售出去，不仅赚了一大笔钱，还使市场物价得以稳定，不致暴涨不断。

在他决定抛售货物时，妻子又劝告他暂时不忙把货物出售，因为物价还在一天一天飞涨。

他平静地说："是抛售的时候了，再拖延一段时间，就会后悔莫及。"果然，甘布士的存货刚刚售完，物价便跌了下来。他的妻子对他的远见钦佩不已。

后来，甘布士用这笔赚来的钱，开设了五家百货商店，业务也十分兴旺。如今，甘布士已是全美举足轻重的商业巨子了。他在一封给青年人的公开信中诚恳地说道："亲爱的朋友，我认为你们应该重视那万分之一的机遇，因为它将给你带来意想不到的成功。有人说，这种做法是傻子行径，比买奖券的希望还渺茫。这种观点是有失偏颇的，因为奖券开奖是由别人主持，丝毫不是你的主观努力所能达到的；但这种万分之一的机遇，却完全是靠你自己的主观努力而完成的。"

机遇来临时，你准备好了吗

机遇不会像天上的馅饼，当你饿时，正好掉在你的嘴边，它像风一样随时在你的身边飞舞，就看你有没有抓住它的能力，并保证不让它从指缝溜掉。

每当谈到机遇，常常会有人发出这样的感叹："我何尝不想抓住机遇大展宏图呢，可就是遇不到机遇啊！"机遇难得吗？不是的。在这个日新月异的时代，可以令人大展宏图的机遇到处都有，每个人面临的机遇都很多。每一个客户，每一次演说，每一项工作，全都是机遇。这些机遇给你带来经验，锻炼你的勇气，培养品德，结识朋友。对你的能力和荣誉的每一次考验都是宝贵的机遇，而且，一个人的时间观念愈强，就愈会常常遇到能"转变命运"的机会，因为每一瞬间都是从过去向现在、从现在向未来的过渡，生活中到处都充满着机遇，问题是你肯不肯寻找，肯不肯为改变自己的现状和命运而努力。即使像海伦·凯勒那样又聋又哑又盲的人，也能通过挣扎斗争使自己最终走出人生的低潮，走向成功。对此，我们还好意思说没有机遇吗！

每一个人寻找机遇的能力不一样，对此，可以通过形象的比喻分为四类人。

第一类人像火车司机，这类人只能在既定的轨道上定时、定点、定方向地行驶，这类人对机遇没有强烈的反应。

第二类人像医生，大部分时间是用来解决已发生的问题和排除当前的困难，即所谓头痛医头，脚疼医脚。此类人对寻求机遇也不积极。

第三类人像农场主，总是希望在他有限的土地上取得最大的收益。这类人善于钻营，不过活动区域只限于在一定的范围内，缺乏冒险精神。

第四类人像渔夫，这类人最善于冒险，作业范围广，但又不能保证有收获。这类人是最积极地去发掘机遇和最敢于冒风险的人。

一般说来，风险和机遇的大小是成正比例的。如果风险小，许多人都会努力去追求；如果风险大，许多人就会望而却步，甚至连想都不敢想，少数敢冒风险者往往能得到最大最多的回报。因此也可以说，机遇就是对人们所承担的风险的相应补偿。要想赢得，就必须对机遇进行综合分析，从实际出发，迎着困难上，敢于担风险。只有"着重于机遇，而不着重于困难"的人，才能最大限度地利用机遇，取得最大的成功。如果一个人在干一项事业前，只着眼于易于成功，而不是着眼于接受挑战，那么，即使他能够成功，其成功也相当有限。当然，干有风险的工作，有艰辛，又有不确定性，但只有具备冒险精神的人，才能把机遇化为成果。

人们在寻找机遇、利用机遇的过程中，经常会遇到"恐怕不行吧，我没有那么大的能力"这样的心理障碍，好像自己的能力极为有限。这往往是一种"幻觉"——错误的"自我限制"。这种"幻觉"常常是取得最终成绩的巨大障碍。

寻找机遇，既要敢于冒险，也要有自知之明，要根据每个人的条件和所处的环境。认识自己是认识机遇的先决条件，一个人在不能正确认识自己的情况下，所进行的活动和实践只能是一种逃避和消遣。应认真考察自身价值到底在哪一领域中才能得以最充分的实现，从而确定自己的最佳发展方向。许多人由于不了解自己的才能而导致终生平庸，或像盲人骑瞎马那样栽下"悬崖"。唯其如此，古希腊哲学家亚里士多德才大声疾呼："人啊，认识你自己！"

人的一生，总是会有几个大的机遇的。大的机遇，必有大的变化，没有大变化，也就没有大的发展。而要有大发展，就要善于抓住机遇。哲学家培根说过："造成一个人幸运的，恰是他自己。"每个人只有抓住一个一个"不显眼"的机遇才能获得辉煌的成功。要想成功而不善于抓住机遇，就难成大事。增强能力，实质上也就是增强善于抓住机遇的能力。

一位修士不小心跌入了水流湍急的河里，但他并不着急，因为他相信上帝一定会救他。当有人从岸边经过时，修士没喊，想上帝会救他。当河水把修士冲到河中心时，他发现前面有一根浮木，但他想上帝会救他，于是照样在水中扑腾，一会儿浮起，一会儿沉下，最后他被淹死了。

修士死后，他的灵魂愤愤不平地质问上帝："我是一位如此虔诚的传教士，你为什么不救我呢？"上帝反问他："我还奇怪呢，我给了你两次机会，为什么你都没有抓住？"

不要等待机会的到来，而是会寻找并抓住机会，把握机会，征服机会，让机会成为服务于他的奴仆。实际上，机会常常会出现在你面前，你完全可以把握住机会，将它变为有利的条件，而你需要做的事情只有一件：抓住机会。

其实，人生的每时每刻都充满了机会。

在这个世界上生存，本身就意味着上帝赋予了你奋斗进取的特权，你要利用这个机会，充分施展自己的才华，去追求成功，那么这个机会所能给予你的东西要远远大于它本身。

懒惰的人总是抱怨自己没有机会，抱怨自己没有时间；有头脑的人能够从琐碎的小事中寻找出机会，而粗心大意的人却轻易地让机会从眼前飞走了。

人往高处走，水向低处流这句话一点没错。当你有了合适的职业后，你自然想在这个位置上做一番事业，想不断抓住机会升迁，用成绩来实现自己的人生价值。

但是，升迁与否，除了你要具备较高的综合素质外，你还要善于捕捉机会。所以有人说机遇是人生运程的催化剂，实干加能干，还要加上机遇才能成全大事业。这就越发体现了抓住机会的重要性了。

如果你既埋头拉车，又能抬头看路，再顺便伸出手来牵住机会的鼻子，那你想不成功都难。

第五章　独到眼光，觅取机遇

机遇在人们的各个领域中都广泛存在。只要你发现了它，并能够驾驭它，它就会带给你不错的回报。机遇在成功中具有举足轻重的作用。有人总结出，人的成功取决于三大要素：天才、勤奋和机遇。其中的机遇是万万不可缺少的。有的人才华过人，有的人勤奋肯干，可总与成功无缘，他们欠缺的便只是机遇了。而相当多的人能够成功，就是因为机遇来了。

在冷门中觅得机遇

冷门机遇可能不被人所重视，但是这也是冷门机遇的一个优势——因为不被人看好，因而竞争对手相对较少，这样更有利于开创自己的事业。

在现实生活中，很多人不习惯去抓一些看似没有多少前途的机会，但是他们又抓不住很有前途的机会，结果终生碌碌无为。其实，从市场的角度来说，不管是冷门还是热门，有需求就有机遇。

当然，相比于热门机遇，冷门机遇可能不被人所重视，但

是这也是冷门机遇的一个优势——因为不被人看好，因而竞争
对手相对较少，这样更有利于成功。

霍英东先生是举世闻名的亿万富翁。20 世纪 50 年代，香港
的房地产业得到发展，他也在房地产业大赚了一笔。同时，房
地产业的发展带动了建筑材料业，但是，当时香港掏沙业是企
业家们很少问津的一个行业，因为这一业务用工多，获利少，
赚钱难。

霍英东却不这么认为，他认为，随着建筑业的发展，河沙
的需要量会越来越大，是个很有潜力的市场，加上许多大企业
不屑一顾，这正是一个有利可图的良好机会，掏沙业在香港大
有赚头。

当时，掏沙业用工多、获利少、赚钱难，但是这没有妨碍
霍英东进入掏沙业。不愿守旧的霍英东试图改革，他花 7000 元
港币从海军船坞买来挖沙机器，用机械操作，效率大大提高。
此后，又进一步改用机船掏沙，派人到欧洲重金订购了一批先
进的掏沙机船，以后又亲自到泰国，向泰国政府港监，以港币
130 多万元购买了一艘大挖沙船，载重 2890 吨，每 20 分钟可挖
取海沙 2000 吨，自动卸入船舱。此外，他还捷足先登，通过投
标，承包海沙供应，自此掏沙业迅速发展，开创了挖海沙的新
局面。

后来，霍英东先生拥有设备先进的挖泥船 20 多艘，生意也
相当红火。这些挖泥船成了他的摇钱树，而掏沙业成了他的聚
宝盆。

对于成功的经营者来说，一些别人不屑做、不愿做或一些

平常的事就意味着机会，他们也往往能从别人想不到的角度开创起自己的事业。

29 岁的杨雨荷是西安人，12 岁那年，她就长到了 1．76 米，刚开始她在省体工队打排球。可是，在体工队待了几年后，她自作主张离开了排球队，应聘到西安市的一家大型电子公司做业务员。

离开排球队后，杨雨荷很快有了新的烦恼：那时，22 岁的她身高 1．78 米，一双大脚非要穿 41 码鞋不可。可她怎么也买不到合脚的鞋——找遍整个西安，最大的女鞋也只有 39 码。因为漂亮的衣服没有鞋子搭配，她只好天天穿着运动衣和运动鞋。出差时，她每到一个城市，都会去各个商场找大号女鞋；可是，无论哪个城市，哪个商场，都买不到她要的特大码女鞋。

于是，杨雨荷突然想到：现在高个女孩越来越多，为买大码鞋苦恼的女孩也一定不少，我能不能开一家专卖大码女鞋的店呢？2003 年 4 月的一天，她的"大号女鞋店"便开张了。

因为大个买鞋都比较难，"大号女鞋店"开张不久，就迎来了不少大个子，这其中还有不少是外地顾客。走进"大号女鞋店"，她们纷纷感慨着"总算找到了合脚的大鞋"，常常一次就买两三双鞋子。

更让杨雨荷高兴的是，省体工队的两个女运动员在逛街时发现了这家店，一下子就带来了许多同行。这些年轻的女运动员和杨雨荷一样，以前常常为买不到合脚的鞋而苦恼。当她们发现这家"大号女鞋店"后，都如获至宝，把以前因为没鞋搭配而穿不了的漂亮衣服全部拿了出来，一件一件地穿到店里，选购可以搭配的鞋子。这样一来，店里的鞋很快就被抢购一空了。杨雨荷统计了一下，仅 8 月份，她就卖出了 100 多双鞋，除去成本和各种开销，净赚了 2400 多元钱。

时间一长，杨雨荷又对自己提出了更高的要求：她不仅仅从审美的观点出发，注重鞋的颜色和款式，而且对面料也提出了更高的要求。她希望顾客从她那里买的鞋不仅仅漂亮、时尚，还要穿得舒服。于是，后来每次到深圳进货，她都要专门去皮料市场转转，一个店铺一个店铺地看，向店主请教什么样的皮料做成鞋子后会更舒服。然后，她再向厂家提出自己的要求。

经过一番努力，她的收入也是节节攀升，现在，除去各项开支，她每个月的利润都在 6000 元以上。

要想创业成功，降低创业的风险，就不能跟风做生意，要善于找一些"冷门"、"偏门"生意起步。这样不仅竞争对手少，而且利润高，容易成功。

杨雨荷的成功正是聪明地利用了这一点。如果当初她开的是一家普通鞋店，虽然表面上看起来，能吸引庞大的"中小脚"顾客群，但实际上却陷入了空前激烈的竞争，而且利润率低，一招不慎，就有可能创业失败，血本无归。相对来说，个高脚大的女性并不多，但因为长期没有人去关注她们的需要，她们反而成了一个极具潜力的消费市场。杨雨荷因为发现了大号鞋这个"偏门"生意，才避开了激烈的市场竞争，捉住了属于自己的创业机会。

俗话说："赚钱才是硬道理。"对于一个想寻找创业机会的人来说，最重要的一点是要考虑能不能做，考虑能否赚钱，没必要考虑一些不必要的额外因素——当别人对某个赚钱的机遇弃之不顾时，其实就是你大显身手的好时机。

从差别中寻找机遇

对于一个想获得成功的人来说，即便面对一个已经很成熟的市场，但是只要你能找到竞争对手的相对弱点或漏洞，通过制造差别，就能满足部分消费者的需求，从而达到成功的目的。

日本泡泡糖市场年销售额约为740亿日元，市场可谓十分庞大，其中大部分为"劳特"所垄断，其他企业想进军泡泡糖市场可谓十分不易。但江崎糖业公司的创办人江崎却认为："即使劳特公司已经拥有了一个成熟的市场，但也并非无缝可钻。市场是在不断变化的，只要善于寻找，机会总能找到。"

为此，他成立了市场开发班子，专门研究霸主"劳特"产品的不足和短处，以寻找市场的缝隙。经过一段时间认真细致的调查分析，他们终于发现劳特公司生产的泡泡糖的四点不足：

1、劳特公司销售对象的重点是以儿童为主，对成年人的需求不够重视，而成年人的泡泡糖市场正在扩大；

2、"劳特"的产品主要是果味型泡泡糖，而现在消费者的需求正在多样化，劳特公司在这方面还没有很好的应对措施；

3、"劳特"多年来一直生产单调的条板状泡泡糖，缺乏新型式样，难以满足消费者的审美情趣；

4、"劳特"产品的价格是110日元，顾客购买时需多掏10

日元的硬币，而且往往要找补零钱，颇令消费者不便。

在找到劳特公司的不足点后，江崎糖业公司决定对症下药，一反劳特公司主打儿童路线，将泡泡糖市场的重点放在成人泡泡糖市场，并制订了相应的市场营销策略。

不久，他们便推出一系列泡泡糖新产品：交际用泡泡糖，可清洁口腔，祛除口臭；司机用泡泡糖，使用了高浓度薄荷和天然牛黄，以强烈的刺激消除司机的困倦；体育用泡泡糖，内含多种维生素，有益于消除疲劳；轻松型泡泡糖，通过添加叶绿素，可以改变人的不良情绪。在产品的包装和造型上，也进行了一番精心设计。出于方便消费者的考虑，在产品价格上，他们定50日元和100日元两种，因为当时有这两种面值的日币，避免了找零钱的麻烦；为了食用方便，采用了容易拆开的糖纸来包装。这一切使得江崎糖业公司的泡泡糖与劳特公司的泡泡糖显得完全不同。

功能性泡泡糖问世后，因为江崎糖业公司的差异化市场战略，在一定程度上避免了与劳特公司的竞争，同时又满足了不同顾客的需求，这使得江崎糖业公司大获成功，产品像飓风一样席卷全日本。江崎公司因此而得以挤进由"劳特"独霸的泡泡糖市场，并且占领了25%的市场份额，当年的销售额达175亿日元。

需求的复杂性导致市场的多样性，面对同一个市场，就不同的企业来说，每一个企业都有自己的长处和短处、优势和劣势，但是任何一个企业都无法同时满足所有人的需求，因而，一些企业也可以通过差异化来扬长避短，从而在市场竞争中站得一席之地。

28 岁的李雯是湖北咸宁人，2001 年大学毕业后，她只身来到广州，在一家广告公司做文案。李雯喜欢旅游，而且尤为喜欢去贵州。李雯每次去那里，总会买一些当地的少数民族服饰回来送给朋友或自己留做纪念。

2004 年上半年的一天，一位做销售的朋友借出差的机会来看李雯。在李雯家里，朋友看到李雯收藏的各种民族服饰之后大加赞美，他说："这样精致的服饰如果拿出去卖，肯定可以卖高价。"说者无意，听者有心，李雯心里一动：是啊，我以前怎么没有想到呢？广州虽然服饰店多，服装款式也多，但很少看到有真正卖民族服饰的，如果我开一家这样的民族服饰店，一定会吸引人们的目光，尤其是那些追逐时尚潮流，喜欢标新立异的年轻人。

经过一番市场调查后，李雯看到了其中的潜在商机。2004 年 4 月，李雯毫不犹豫地辞了职，立即赶赴贵州少数民族聚居的地区，确定了几个交通相对便利、服饰业比较发达的村寨作为自己的收购基地。在当地人的帮助下，李雯选定了首次进货的服装款式、花色品种以及一些非常有特色的少数民族挂饰等，同时也在当地选定了几个长期合作的代理人。

货源地确定后，李雯马不停蹄的回到广州，开始寻找合适的铺面。经过一番辗转反复，李雯终于在环市路找到了一处正在转让的铺面，位置相当好，转手费很便宜才 2 万元。接着，李雯对铺面进行了重新装修，按照少数民族的风格习俗对室内进行布置，以求服饰店民族风情十足。

2004年五一节，李雯的民族服饰店开业了。她开展了一系列行之有效的市场推广手段。首先，她主动出击，联系了以前做市场调查时对民族服饰非常有兴趣的客户，告诉他们在哪里可以买到这样的民族服饰。同时，她还制作了一系列精美的服饰卡片，亲自跑到北京路、上下九路等人流聚集的地方去推广，不光如此，她还在广州几家比较有影响的报纸刊登了软文广告。

渐渐地，店里的人气开始旺起来，为了吸引回头客，李雯又趁热打铁，推出了一系列的优惠措施。一个月下来，李雯竟然卖出了100套民族服饰，扣除房租、水电、工商税务等各项成本开支，还赚了2500元。应该说，第一个月就有如此成绩已经非常不错了。

通过积极推广以及客户们的口头宣传，李雯的民族服饰迅速打开了市场，几个月下来，民族服饰店的经营渐趋稳定。如今，民族服饰店每月的营业额都保持在3.5万元左右。

因此，一个人只要善于分析，准确定位市场，善于制造差别，满足一部分没有从既有市场得到满足的消费者，就有可能找到成功的机会。

于变化中预知机遇

创业的机会大都产生于不断变化的市场环境，所谓创业者就是那些能寻找变化，并积极反应，把它当作机会充分利用起来的人。

创业的机会大都产生于不断变化的市场环境，著名管理大师彼得·德鲁客将创业者定义为那些能"寻找变化，并积极反应，把它当作机会充分利用起来的人"。

对于一个想创业成功的人来说，就要准确地预测出市场当前和以后的需要，看清市场发展的趋势，走在市场供需变化的前头。

网络书店亚马逊公司的创始人是杰夫·贝佐斯。这位古巴移民的后裔凭借其超人一等的目光，在短短几年内，从无到有，使亚马逊公司成为世界最大的网上书店。他本人也成为比尔·盖茨式的美国新一代超级富豪，身价数十亿美元，创造了又一个"美国神话"。

杰夫·贝佐斯是个富有创造性的人。3岁时，他手拿螺丝刀，试图把自己睡的摇篮改造成一张大人的床。懂事以后，他一直梦想成为一名宇航员或物理学家，飞机模型和太阳能灶等实验器材摆满了他的房间。高中时的贝佐斯筹建了鼓励创造发明的"梦研究所"，并鼓动伙伴们积极参与，初次显露了他成为企业家的潜能。在普林斯顿大学获得电子工程与计算机科学学士学位后，贝佐斯成为华尔街一家投资基金的副总裁，负责对网络科技公司的投资。

一次，他被一份互联网发展报告吸引：当年互联网用户增长2300％。以注重数据出名的贝佐斯从这个数字中看到了汹涌的互联网潜流，以及这一革命性的信息传播浪潮将带来的无限商机。为此，他决定在网上开办一个销售的店。他列出了20种可能在因特网上畅销的产品。通过认真的分析，他选择了图书。

因为他认为图书属低价商品，易于运输，而且很多顾客在买书时不要求当面检查一下。所以，如果促销有力，就能够激发顾客购买图书的欲望。况且在全球范围内，每时每刻都有 400 多万种图书正在印刷，其中 100 多万种是英文图书。然而，即使是最大的书店也不可能库存 2 0 万种图书。从这里，贝佐斯发现了图书在线销售的战略机会。

1994 年，深切体会到网络市场的巨大机遇的贝佐斯出人意料地放弃这条件优越的工作，来到西雅图，于 1995 年 7 月在自家的车库里建起了网上图书销售公司——亚马逊，这个名字与世界流量最大的河同名。

创建之初，亚马逊就呈现出神话般的增长势头，1995 年销售额为 51．1 万美元，1996 年 1570 万美元，1997 年增长 838%，达 1．47 亿美元，1998 年总销售额为 6．1 亿美元。如今亚马逊已经跻身世界 500 强公司。

亚马逊公司通过以新的销售模式出售老式的书籍而赚取大把钞票。后来包括庞诺书店在内的许多竞争者也建立了网上书店，但他们已是在亚马逊会"跑"的时候刚刚开始学"爬"，因而竞争力远远不如亚马逊公司。

事业成功的人都遵循一个潜规则，那就是：人无我有，人有我先。在国际互联网飞速发展之际，看出人们未来的需求，走在市场供需变化的前头，造就了杰夫·贝佐斯等一大批美国网络英雄。

在社会发展一日千里、速度日益加快的今天，变化是市场的主流，因而，对于创业者来说，预测市场的变化走向显得十分重要。泰国正大集团总裁华人企业家谢国民曾讲过自己成功的秘诀："我每天的工作中，有95%是为未来5年、10年、20年而做预先计划。换句话说，我是为未来而工作。"的确，如今的社会是日新月异，只有对事物的发展变化的趋势与远景做到了然于胸，才能在事业上占据先机。

1994年，当时任贝恩公司中国区总裁的甄荣辉需要招募新人，他先在一份英文媒体上刊登了招聘信息，但效果很差。后来，经北京同事指点，他选择了北京人爱看的一份当地媒体，结果反馈很好。但甄荣辉自己却感到当时报纸的印刷质量太差。当时香港的《南华早报》每周有多达200多页的招聘专版，人力资源市场十分活跃。但是，比香港人口还多的北京却没有这样一份专业的招聘纸媒体。他隐约找到了人力资源市场的巨大空间。

到了1998年，大陆的人才交流市场日趋活跃，无论是用人单位还是求职者个人，他们迫切需要一个更专业的、定位于白领青年的招聘渠道。甄荣辉感于这些变化，知道人力资源市场已经成熟，可以大干一番了。于是，甄荣辉和他的创业伙伴成立了一家人力资源服务公司。甄荣辉经人介绍，和《中国贸易报》合作，首先在北京推出了《中国贸易报·前程招聘专版》。北京《前程招聘专版》的推出，获得了很大成功，受到了企业以及求职者的普遍欢迎。受到北京市场的启发与鼓舞，甄荣辉和他的创业团队，开始在全国复制北京模式。五年多，在全国19个城市与当地媒体合作，推出了针对当地市场的《前程招聘专版》。

　　1999 年，互联网经济正在全球兴起，网络给甄荣辉带来了新的机遇。顺应社会发展潮流，1999 年 1 月，甄荣辉在上海推出了网站，当然内容只能算是《前程招聘专版》的电子版。1999 年底，网站也因此易名为《无忧工作网》。

　　因为中国的人才市场正处在发育阶段，同时甄荣辉的前程无忧招聘网给人们带来了极大的便利，前程无忧得以随着中国人才市场的成熟而成长。2002 年，前程无忧营业收入就增长了 25 倍，销售收入约 2000 万美元。如今，前程无忧已成为中国最大的招聘网站之一。

　　任何事业的成功都离不开市场的需求，而市场的需求往往是因为一些变化而带来的，如：居民收入水平提高，私人轿车的拥有量将不断增加，这就会派生出汽车销售、修理、配件、清洁、装潢、二手车交易、陪驾等诸多创业机会；随着电脑的诞生，电脑维修、软件开发、电脑操作的培训、图文制作、信息服务、网上开店等等创业机会随之而来。

　　对于一个老企业来说，新的变化就意味着某种改变；对于一个新兴的企业来说，新的变化意味着新的机遇。及早发现尚不明显的发展趋势与潜在的可能性，是赢得市场的关键。

　　英国作家培根也强调："善于在一件事的开端识别时机，是成功者区别失败者的一个方面。"对于大多数人来说，要想开创一番事业，就必须要学会预测、掌握事物发展的趋势，从潮流的变化来捕捉创业的机遇。

从旁人的问题捕捉机遇

寻找创业机会的一个重要途径是去发现他人的问题或生活中的难处，然后去解决他人的问题。

每个人在生活中都会遇到这样或那样的问题，有问题就有需求，从而也就带来了机遇。善于发现旁人的问题，然后想办法去解决旁人的问题，往往就能捕捉到成功的机遇。

2000年，大学毕业的何咏仪踌躇满志，但半个月内，她都没找到合适的工作。兜里的钱已所剩无几，但她又不好意思找父母求援。好在天无绝人之路，一天，何咏仪拐到一家快餐店吃快餐。快餐店老板了解到她的情况后，又看到何咏仪聪明伶俐，于是快餐店老板递给她名片，让她有困难联系他。

几天后，工作还是没有着落，无奈之下，何咏仪拨通了快餐店老板的号码，怯怯地问："您的快餐店，还需要人吗？"

"你随时可以来上班！"快餐店老板这么回答她。

终于工作了，心情却是尴尬的。她很怕遇见熟人，但是为了避免犯错，何咏仪还是告诫自己：做一行专一行，架子面子先放一旁。

一次，何咏仪给西安高新区一些写字楼的白领送餐。才去第一家公司，就听到白领们纷纷发牢骚："你们店做的饭太没特色，再不改，我们就另外订餐。"

送餐出来，何咏仪看见另一间快餐店的女孩在抹泪，于是关切地问她，原来她的客户一打开饭盒就骂，说又搁辣椒了，每次叮嘱都白费力气……女孩委屈地说："我每次转告客户意见，老板都不理会，还说今后不给他们送快餐了。"

何咏仪眼前一亮，这不是一个绝好的商机吗？有的快餐店认为白领们难伺候，要求高，主动放弃了送餐业务。我为什么不把这笔业务接过来，按白领们的要求走呢？

从此，何咏仪每次送快餐，都会详细记下对方的电话、用餐口味和个人禁忌。自己收集的信息不够，她还会问其他同行，一一记下来。

快过春节了，店里放假，何咏仪决定留在西安作快餐市场调查。冒着严寒，何咏仪去西安高新区附近调查各家快餐店，她用冻得红肿的手记录下名称、电话、餐饮风格和快餐价位。

几天考察下来，何咏仪心里更有谱了，酝酿着新的快餐运作模式："我可以做一个快餐中转站，收集各种风味快餐，提供给公司的白领，从中赚取差价。既帮快餐店拓宽了业务，又让白领选择更多，何乐而不为？"

春节期间需求旺盛，很多快餐店放假。看着机会难得，何咏仪便找了一间20平方米的门面，然后雇了2个帮手，任务就是送餐。

接下来，她开始打电话给各个写字楼，寻找业务。因为很多都是老客户，加上很多快餐店还没上班，很快，她就拿到上百份订单。

何咏仪很快根据订单的要求，找到了需要的快餐店。老板一听何咏仪要50份，答应给个优惠价格。何咏仪当即交了订金。随后,她又去另一家饭馆,预订了 50 份特色菜。

当天,除去各种费用,何咏仪净赚 150 元钱。初战告捷,何咏仪信心十足。第二天,她多预订了 50 份,很快又送完了。

春节过后,快餐店的竞争日益激烈,何咏仪的订单不如以往多了。她干脆亲自上门,到公司推销。面对质疑的目光,她从容地拿出自己记录的快餐店手册,说,"你们想吃任何口味,我都可以满足。送餐及时,保证营养,还能经常变换花样!"

不少公司抱着怀疑的态度,但一试下来,果然不错,纷纷取消原来的订餐。一个月下来,何咏仪外送的盒饭达到 3600 多份,利润达到 2000 多元。

第二个月,何咏仪又招聘了两位员工,自己则主动出击,到更多的公司联系送餐业务。同时,她不断想出各种花招,吸引白领。

一方面,她寻找到更多各具风味、干净又便宜的小饭馆,让快餐店手册日益丰富,白领有更多选择;另一方面,她到各公司发放调查问卷,统计白领最爱吃和最想吃的饭菜,然后自己设计新菜单,交给饭馆去做。

何咏仪渐渐被写字楼的白领们熟悉。一年后,何咏仪外送的快餐盒饭每月几千,到 2004 年底,年利润已经突破 100 万元,她的小店面也升级为"西安柒彩虹餐饮有限公司",成为西安第一快餐中介。

有一句话说得好,赢得客户,也便赢得市场。对于创业的人而言,要赢得客户,就应该关心客户最需要什么,从而满足客户的需要。因而在某种程度上,别人的需求问题就是机遇。

何咏仪之所以能在快餐业开拓一片天地，最根本的一点就是她能提供更多适合白领们就餐口味的菜单，即她能比别人更好地解决白领们的就餐问题。

生活中人们的问题可谓不一而足，谢利的创业成功则是因为他为肥胖症患者提供了适合他们食用的食品。

20 世纪 80 年代以来，肥胖症是西方国家流行的一种文明病。得了肥胖症的人，苦不堪言，渴望能有减肥妙法。于是，减肥俱乐部、减肥训练班等蜂拥而至，瘦身法、减肥药同牛仔裤并驾齐驱，成为一种时髦。这股减肥热使一些精明的商人闻风而动。1981 年，谢利在美国的亚特兰大首创全美第一家减肥快餐店，专门供应低热量、低脂肪的食物，还供应各种健美食品、天然食品、健美饮料，使食用者既能饱腹，又不至于吸收过多的热量而形成脂肪堆积。减肥餐馆开张以来，大受欢迎。短短几年时间，谢利的减肥快餐店已在美国 43 个州发展了 90 个分店，亚特兰大最初开设的快餐店，平均每年收入高达 100 多万美元。

生活中，每一个人都有许多问题需要别人帮忙解决，对于一个创业者来说，客户的问题就是创业的机遇。要想创业成功，就应该了解客户的问题是什么，然后以客户需求为中心，提供能解决客户问题的服务、产品，只有这样才能捕捉到难得的机遇。

嗅觉灵敏，察觉机遇

机遇的把握，很大程度上取决于对潮流的灵敏嗅觉和对生活中的意外事件的敏锐反映。

风云变幻的市场总是上演着悲喜剧：有的人因为抓住了一次机遇而青云直上，有的人因为错过了一次机遇最终一蹶不振，有的人没有不懂抓机遇而碌碌无为。而造成这三者的区别往往就是嗅觉的灵敏度。

温州商人是相当精明的一个群体。其精明之处就在于他们有着比其他人更灵敏的嗅觉。有人称温州商人有三面镜子，这三面镜子分别是放大镜、望远镜和显微镜。放大镜就是他们对市场的敏感性，使他们能够至少比别人很轻易地感觉到这种机遇；望远镜就是他们能够很好地把握了社会发展的需求；显微镜就是他们有那种一叶知秋、见微知著的独特之处。温州商人之所以能创造一个个商业奇迹，原因就在于他们有"三面镜子"。

很少人不知道星巴克，这家销售咖啡、饮料、豆类食物和附属食品的零售连锁店如今已无处不在，但知道霍华德·舒尔茨的人却不多，他是星巴克惊人发展史背后为人低调的董事长、首席执行官兼策划者。

霍华德·舒尔茨来自贫民区舒尔茨来自犹太人家庭，在纽约贫民区长大。

1975 年他获得商学学士学位后，便进入施乐的纽约分公司谋得一份销售员的工作。不久，他又跳槽到一家进口瑞典厨具的公司，成为该公司美国分部的副总裁。在销售产品时，他发现位于西雅图的一家叫"星巴克"的小公司在他那里购买了很多台煮咖啡器。他感到很好奇，便亲自到西雅图看个究竟。

当时的星巴克已有 10 年历史，一直精心经营咖啡豆、茶叶和香料，其规模不大，只有 4 家分店。当舒尔茨到来时，星巴克还只是专注于出售高质量的咖啡豆，没有想过提供饮料服务。但是，星巴克致力于为顾客提供进口咖啡豆品质的努力给舒尔茨留下了深刻的印象，"我来到这里，首先闻到了咖啡的芬芳，完全是原汁原味的那种。我感觉它就像未成品的钻石，而我则有能力把它切磨成璀璨的珠宝。"

基于星巴克咖啡的广阔前景，1982 年，舒尔茨毅然辞去年薪 7.5 万美元的职位，加入到星巴克，担任咖啡店的零售业务和营销总监。舒尔茨开始向西雅图的餐馆和咖啡店销售咖啡豆。

1983 年，在意大利米兰参加家庭器皿展销会时，舒尔茨注意到了咖啡吧现象。当时的米兰大约有 1500 家咖啡吧，而且个个门庭若市。他也由此得到了启发："原来放松的气氛、交谊的空间、心情的转换，才是咖啡馆真正吸引顾客一来再来的精髓。大家要的不是喝一杯咖啡，而是渴望享受咖啡的时刻。"

舒尔茨断定这样的经营方式也一定会在美国走红，心想："美国还没有这种东西，咖啡吧一定会大有作为。"于是说服星巴克也开办一家咖啡吧，然而星巴克的创始人对舒尔茨的想法嗤之以鼻。无奈之下，舒尔茨于 1985 年离开了星巴克，在西雅图和温哥华开设一些小型的咖啡吧连锁店。两年后，他终于募集到了足够的风险资金，买下了星巴克的全部股份，并开始推行他的"咖啡生活"。

现在的星巴克咖啡已在全球开设了上千家分店，几乎成为了介于家与办公室之间的第三空间的代名词。舒尔茨也因此成为了一位十分富有的人，个人控制着 1800 万股份，市值达6亿。

机遇的把握，很大程度上取决于灵敏的嗅觉。舒尔茨之所以能成为亿万富翁，很大程度上归功于他敏锐的市场眼光。如果不是他认同咖啡吧的前景，坚持推行符合现代生活的"咖啡生活"，他就不可能创造出如此辉煌的成就。

一个人的眼光不仅体现在潮流的敏锐把握上，也体现在对生活中的意外事件的敏锐反映上。

一次，台湾一家报纸的记者奉命到北京采访著名画家李可染。他到了李家后才知道，李老已去世，只是这一消息没有对外公布，因而很多人尚不知道这个消息。这位记者深知道，李可染的画将因为他的去世而变得更有收藏价值。为了走在别人的前面，他立即赶往北京寄售著名书画家作品的荣宝斋。令他喜出望外的是，李老的作品，包括他的绝笔书画，都依然照原来的标价挂在那里。他于是决定，打电话告诉家人将他的全部存款汇到北京。钱汇到后，他买下了荣宝斋内李老的全部作品。

一个月后，李可染去世的消息才传出来，当港台及海外人士纷纷到处求购李老的作品，而无处可购时，那位记者趁机将自己收藏的李老的作品卖出，他也因此而大赚了一笔。

　　事物的变化带来市场的变化，在复杂多变、竞争激烈的市场之中蕴藏无限商机，但是有些人总抱怨没有机会，其实，这只能说明自己的眼光还有待提高。

　　1981 年，英国王子查尔斯和黛安娜要在伦敦举行耗资 10 亿英镑、轰动全世界的婚礼。

　　消息传开，伦敦城内及英国各地的市民都想到伦敦去观看这场盛大的婚礼，以及黛安娜的尊容。

　　了解到这种情况，有位老板想，盛典之时，将有百万以上的人观看，而一多半人由于距离远而无法一睹王妃的尊容和典礼盛况。但是如果能有一副能使他看清婚礼盛典的望远镜，那么就可以避免这种状况了。

　　到了盛典那一天，正当成千上万的人由于距离太远看不清王妃的尊容和典礼盛况而急得毫无办法的时候，老板雇用的卖望镜的人出现在人群中。他们高声喊道："卖望远镜了，一英镑一个！请用一英镑看婚礼盛典！"顷刻间，几十万副望远镜抢购一空。这位老板因此发了笔大财！

　　俗话说："世界上从来不缺少机会，只是缺少发现机会的眼睛"。只要你留心观察身边的事物，相信就可能找到一个适合自己的商机，成为别人眼中"嗅觉灵敏"的人。

消息灵通，感知机遇

　　"信息就是资源""信息就是财富""信息就是力量"。谁掌握了信息，谁就会赢得主动，赢得先机。谁掌握的信息最多，谁的信息准确及时，谁最会用信息，那么谁就是财富的拥有者。

美国亚默尔肉类加工公司的老板菲普力·亚默尔，习惯于天天看报。1875年初春的一个上午，他像平时一样，细心地阅读当天的报纸。一条不显眼的消息把他吸引住了，这条消息讲的是墨西哥最近发现了瘟疫。

亚默尔马上联想到，如果墨西哥真的发生了瘟疫，那一定会从边境传到美国的加州或德州，因为那里与墨西哥接壤。加州和德州的畜牧业是美国肉类供应基地，假若这里发生瘟疫，整个美国的肉类供应肯定会紧张起来，那么肉价也会飞涨。

商人的本能使他多方面分析和研究对策，他决定迅速派人到墨西哥去实地了解和调查。他派出的考察组有医生和专家，出发前交给他们明确的调查任务。几天后，考察组从墨西哥发回电报，证实那里发生了瘟疫，而且蔓延得很快，到了难以控制的地步。

亚默尔接到电报后，立即筹措大量资金收购加州和德州的肉牛和生猪，迅速运到离加州和德州较远的东部饲养着。果然不出亚默尔所料，瘟疫在两三个星期内就从墨西哥传染到美国西部几个州了。美国政府下令严禁一切吃用的东西从这几个州外运，牧畜更是严控，以此防止瘟疫的蔓延。肉类供应基地的产品不能外出，美国市场一下子肉类奇缺，价格跟着暴涨。

这时，亚默尔及时把他囤积在东部的肉牛和生猪高价出售，在短短的三四个月里，他净赚了900万美元

20年前，在中国流行一个口号："要致富，先修路。"其实

就强调了要接受新的信息和观念。的确，对于一个知识信息闭塞的地方来说，要想致富简直如天方夜谭。

小李原是某中学教师，几年前，辞职来到上海。他先给一个私营老板的儿子做家教，之后，又开了个书报摊，赖以挣钱。

一次，那个私营老板向他透露了一个他们公司的计划：他们打算在市郊投资开办一家 2 亿 2 千万元的加工厂，小李立刻意识到这里大有商机。凭着直觉，他马上到市郊遛了几圈，发现那里的民房都是平房，而且比较陈旧，房产主早已无意居住，并早就有出售的想法，只是一时卖不出去。小李了解到这个情况后，十分兴奋，但为了稳妥起见，他还是从各方面打听情况，以证实老板投资办厂的意图，当消息确定后，他便立马来到市郊，找到了民房住户，商谈购房事宜。

当时，民房住户并不知道这里要拆迁建厂，而只求尽快将房子卖出去，好另建新房。小李与房主几番讨价还价，最后以每平方米 600 元的价钱，签订了房屋买卖合同，而且，他又以打工赚钱一时资金不足为由，要求先付 3 万元，余款 6 个月后交付，平房住户虽不太情愿，但又找不到别的买主，便答应下来。

6 个月后，那个私营老板向市政府申请办厂征地，那市郊平房正在征地范围之内，需悉数拆迁。小李便将房子以 23 万的价格卖给了那位老板，除了付给房主 7 万元之外，净赚了 13 万元。

虽然信息在一定程度上就意味着财富，但是，一些人并不热衷关心社会大事、身边小事，结果导致自己孤陋寡闻，白白浪费大好机会。

有个女孩本在某国有企业当会计，平时工作有点忙，同时她的工作性质也不需要她了解外面的世界，所以她从来不读书看报，连电视新闻也懒得瞟一眼，下了班就是回家做饭、看电视剧。

后来企业裁员，她失去了工作。家人看她一时找不到工作，同时发现小区里有个位置不错的杂货店要转让，就给本钱让她把这个店子盘下来做生意。父母认为，会计是算账的，做生意应该没有问题。结果呢？大令他们失望。

原来，她不知道社会的变化，消息不够灵通。如：在"非典"来临之际，她不知道大量购进醋（因为当时人们认为醋可以消毒）；当媒体揭露苏丹红事件的时候，她的货架上偏偏摆满了番茄酱；国家打击伪劣奶粉的时候，她进的奶粉正好与问题奶粉产地一样（尽管奶粉没有问题，但顾客不敢买）；她不了解社会风尚，对一些焦点话题不闻不问。过年的时候，顾客向她问起非常畅销的"中国结"时，她压根儿不知道那是什么。

尽管她遵纪守法，对待顾客态度也不差，但是因为买卖不合时宜，所以在经营上始终没有大的突破。她的小店在勉强维持了一段时间后就关门了。

当前的社会是一个信息爆炸的社会，信息之多让人眼花缭乱、头晕目眩，但信息多则难免良莠不齐，难免让人真伪难辨，容易让人好坏不分。这就要求在留心和注意各种信息的同时，也要对信息保持一种警觉和敏感。

但是，信息在商人的眼中其价值是毋庸置疑的。拿破仑曾说："谁掌握了信息，谁就掌握了未来。"这句话对于商业来说，同样适用。信息能否给人带来致富机遇，关键就在于你是否会洞察信息的价值。

见微知著，举一反三

事物的发展趋势往往通过一些细微的东西来体现，商机往往隐藏在一些生活琐事中。留心身边的小事，就可能见微知著，寻找到开创一番事业的商机。

英国伦敦的时装设计师乔安娜·多尼格，是一位很能发现经营目标的有心人。有一次她的朋友因为要出席皇家宴会而没有合适的晚装，紧张得如热锅上的蚂蚁。这事令她醒悟到，女士们遇到这一困境是很有普遍性的，这是英国社会现象的一种规律。因为英国是个很注重表面礼仪的社会，各种社交活动很多，人们参加社交活动，对穿着非常讲究。但是，不管多么华丽名贵，若连续在这类场合穿上三次出现，人们就会窃窃私语，穿者自然会感到丢脸。因此，无论多好的晚服，也只能显赫一两次。这样，不但使普通收入的人们忧愁，连有钱的人们亦操心。如果付较少的钱，就能在一夜中穿上名贵的时装出席高贵的活动，这确是光彩又省钱的事，这成为许多人的共同心愿。

乔安娜有了这一想法后，作了大量的调查，找了不少妇女征询，证实了上述分析和预测是准确的。于是，她确定了开展晚装租赁业务的经营目标。她筹集了一笔资金，买回各种款式的欧美名师设计的晚礼服，价值每套由数百美元到数千美元。她租出一夜的租金每套由 75 美元至 300 美元，另加收 200 美元的保证金。

果然不出所料，她的租赁生意十分兴旺，不少客人是由朋友介绍来的。也就是说，那些女士太太们毫不介意地告诉别人，自己的晚装是租回来的。人们并不认为不光彩，反而觉得合算及明智呢！

乔安娜的这项业务越做越大，在伦敦开了两间店后，还越洋到美国纽约去开分店。现在，她除了经营晚装，还扩展到包括配饰、手袋、首饰以及肥胖者、孕妇用的晚装，乃至男士用的服装等一应俱全。她已由一个设计师成为一名富豪了。

乔安娜的成功之处在什么地方呢？就在于她能见微知著，即从一个小的问题看到了英国宴会的市场消费现象，这也使她确立了开展晚装租赁业务的经营目标，从而解决了一大批爱交际人士的乱花钱买礼服的问题，并赢得了这一群体的客户。

见微知著，不仅仅体现在由小见大上，也体现为对某个事物的启发而带来的深刻认识。

1996 年春天，邯郸的王山海在一本杂志的一个很不显眼的位置看到一个故事，故事说的是上海市有一位姓庄的老太太，退休在家没有多少事可做，那些来不及买菜的双职工经常请她帮忙，庄老太太为人热情，每次把菜买回去之后还要择洗干净，时间长了，人们过意不去，主动给老太太一些报酬。开始老太太不收，经大家一再解释，她便按分量收取少量的手续费。托她帮忙的人越来越多，后来这位老太太成立了一个"庄妈妈净菜社"，生意非常红火，一时传为佳话。

看完这个故事，王山海脑中不由也萌发了类似的想法。因为他也了解到，随着当地人们物质生活水平的不断提高以及工作节奏的加快，如何尽量节省在厨房操劳的时间，已经成为许多家庭所考虑的问题。天天"下馆子"毕竟不是大多数人经济上所能承受，而且卫生状况总让人有点儿不放心。尤其是一些年轻的夫妇，烹饪手艺不高明，家中来了客人，切几盘熟食作凉菜还可以，炒热菜就犯愁了。

于是，他计划在邯郸市也开办一个面向工薪阶层，专门加工净菜的服务机构。找来几个朋友一商量，大家一拍即合。他们通过深入的市场调查进一步认识到，切洗得干净齐整，配料齐全，价格适中的"方便菜"有着非常广泛的市场需求。几个志同道合的朋友一致认为，有消费需求就有商机。他们决定合伙创办一家公司，生产集"方便、味美、卫生、经济实惠"于一身的方便菜，下决心要在这个行业中闯出一条路来。

经过精心策划，他们给自己的公司起了一个乡土味很浓的名字——龙乡食品公司，把产品定名为"龙香菜"，让人一接触就耳熟能详。他们转遍了邯郸市的大街小巷，经过反复比较，选定一个工薪阶层居住比较集中的小区，租赁了一家下马的食品加工厂的厂房，门口挂起了一个写着"龙香菜"的大灯箱，亮堂堂地照红了半条街。

此外，他们请全市有名的厨师拟定了上百个菜谱，经过严格考核，招收了60多人分别担任配菜师、择洗工和送货员。开业不久，他们的产品就在那个小区站稳了脚跟。不到半年，凭借一个普通、廉价、富有个性化的产品和服务项目，龙乡公司就创造出了一个红红火火的崭新局面。

万事万物的运动总是有其自身的规律，它不能创造，但能够被认识。所以，对于别人的成功经验，也可以借鉴和学习。当然，在借鉴的基础上，也要深入调查，尊重市场的客观实际，这样才能确定出未来的发展目标。

机遇是需要发现的，对于一个渴望寻找到机遇的人来说，一个细微的东西就可能给他带来创业的启发；而对于一个盲目等待机会的人来说，就算机会在大力地敲他的门也会听不见。因而，要想发现机遇，就一定要留心观察身边的每一件事。

第六章　别出心裁，创造机遇

　　常言道：机不可失，时不再来。可见，人们是多么企盼着机遇，珍惜机遇。但在机遇面前，人们又仿佛只有被动地适应、服从。那么我们如何才能把握住机遇的咽喉，使它为自己单独呈现出来呢？那就只有创造机遇，用自己的智慧和勇气把自己置于机遇的康庄大道。

懒于思考与机遇无缘

　　心之官则思，不思则不得。一个懒于思考的人必然与机遇无缘。

　　一位美国汽车修理师有一个习惯，他爱说笑话。有一次，他从引擎盖下抬起头来，问一位博士："博士，有一个又聋又哑的人来到一家五金店买钉子，他把两个手指头并拢放在柜台上，用另一只手做了几次锤击动作，店员给他拿来一把锤子。他摇摇头，指了指正在敲击的那两个手指头，店员便给他拿来了钉子，他选出合适的就走了。那么，博士，接着进来一个瞎子，他要买剪刀，你猜他是怎样表示的呢？"

这位博士举起右手，用食指和中指做了几次剪的动作。

修理师一看，开心地哈哈大笑起来："啊，你这个笨蛋。他当然是用嘴巴说要买剪刀啊。"接着，他又颇为得意地说："今天我用这个问题把所有的主顾都考了一下。"

"上当的人多吗？"博士问。

"不少。"汽车修理师说，"但我事先就断定你一定会上当。"

"那为什么？"博士不无诧异地问。

"因为你受的教育太多了，博士，从这一点上就可以知道你不会太聪明了。"

富兰克林说："知识不等于聪明，勤于思考是避免愚蠢见识的唯一途径。"的确，懒于思考的大脑，就如寸草不生的荒漠，不会有任何创造性。

在生活中，我们也常可看到因为大脑的愚笨而闹出的笑话。

古时候，有一个鲁国人扛着一根长长的竹竿进城去卖。当他走到城门口时便犯愁了，因为他想不出用什么办法将竹竿扛进城去。把竹竿竖起来进城门吧，竹竿比城门高出一截；把竹竿横起来拿着走吧，竹竿比城门又宽出一截。他横着、竖着比划了半天，搞得满头大汗，就是进不了城门。

这时，一个老头经过城门。他看见那人愁眉苦脸的样子，非常自信地走过去对他说："我虽然不是什么圣人，但一生经历的事情比你多。既然是竹竿长、城门小，你为什么不把竹竿从中间截成两段呢？那样不就变成竹竿短、城门大，可以毫不费力地进城了吗？"

拿竹竿的人听了非常高兴，说："太好了。"

于是他找来锯子，将竹竿锯成两段，然后进了城门。

可是，这个卖竹竿的人在城里转了一天，竹竿就是卖不出去。因为他没想到，锯短的竹竿虽然是扛进了城，但是由于其用途不大，无人问津，所以几乎成了废品。

这则寓言既讽刺了鲁国人的愚蠢可笑，更嘲笑了那个自以为见多识广、好为人师实则也乃草包一个的老头。

思维是一个人区别于动物的根本因素，也是左右一个人成功或失败的最重要、最基本的因素。但是，人是习惯的动物，由于相同的生活，相同的工作，甚至每天上下班的路线都是相同的，久而久之就会形成一种一成不变的固定模式。人也开始习惯于这种固化的生活，不再思考以求改变，宛如"入鲍鱼之肆，久而不闻其臭"。

记者小张是某报社的记者，一次，他奉命前往上海采访一个著名演员的首场演出。当他赶到演出的剧院时，却发现演出取消了。他自认为没什么事可干了，于是他就回到旅馆，一身轻松地睡起了大觉。

半夜，报社的值班总编辑给他打电话催稿，他如实相报。谁知，总编辑怒气冲冲地责骂他："你是做什么的？身为一个记者，竟然没有一点做新闻的敏锐性，你知道其他报社的头条是什么吗？是'首场演出的取消'！"

这时，小张才恍然大悟：作为一个知名的演员，演出会受到别人的关注，演出的取消同样会受到别人的关注。他本应该去调查"演出取消"的原因，并写一篇相关报道。但是，为时已晚，小张不由后悔莫及。

小张之所以没有完成采访任务，就在于他没有开动自己的脑筋，因而不能够灵活变通地处理一些意外事件，错失了采访"演出取消"的机会。

懒于动脑不但影响工作效率，而且也容易使人上当受骗。

一日，某学院学生小杨到市集贸中心附近找做家教的工作，这时走过来一男一女，其中的男子对小杨说他是联通公司的，现在有一批宣传单要雇人发放，工钱每天25元，中午供饭，让小杨再找几个大学生，小杨很快找来9名男同学。10个人在街上发了一会儿宣传单后，那人称中午要在本市有名的大酒店宴请联通公司的领导吃饭，让小杨等同学也一起参加。

中午12点，小杨他们便与那人和随从的女子来到预定的大酒店用餐。席间，那人点了20多个菜，并告诉服务员给他准备10条芙蓉王香烟，他要给领导送礼。饭局刚进行到一半，那人又让其中一名男学生跟他带着香烟一起去公司送礼，并以手机没电为由借走一名男同学的手机。二人打车行至本市电信公司楼下，那人接过男同学手中的10条芙蓉王香烟后，又将男同学的手机借走，称自己坐车去送礼，让该同学下车在原地等。可1小时过去了，那人却再也没有出现。

在大酒店包房内，大学生们吃完饭后却迟迟不见"老板"回来，便问跟随"老板"来的女子，该女子称她是那人刚在中介雇来的，让她负责管理发放宣传单的大学生，那人让她假称是他的亲属，这时，大学生们才知道上当了。

大学生为什么会受骗呢？不可否认，大学生涉世不深，而骗子的手段确实也比较高明，因而让人防不胜防。但是，如果大学生稍微开动一些脑筋，那么肯定会看出其中的蹊跷：试想一下，那个"老板"凭什么请他们到一个大酒店用餐啊？说到底，还是大学生自己没有开动脑筋，结果导致上当受骗。

古人告诫人们说："心之官则思，不思则不得。"的确，思考是认识世界的一个重要方式，一个懒于思考的人就很难获知正确的认识，也就无从谈起正确的解决生活、工作中的问题了，自然而然，机遇也将与他远离。

突破惯性思维得机会

经验是人生最大的财富，但它也容易导致思维的局限性，不利于思维的创新，因而人应该懂得突破惯性思维。

不可否认，人们的认识绝大部分都是来自经验，经验在某种程度上具有很大的权威性和正确性。经验是人生不可多得的东西，它是人生最大的财富，终身受用。但是，经验也不是金科玉律，它并不适用于每一个角落，有时就需要人打破经验的束缚。比如上述那位船员，正是做到了突破经验的束缚，才使他绝处逢生。

20世纪40年代，匈牙利人发明了圆珠笔，由于它易于书写和便于携带，所以一经问世便风靡全球。然而好景不长，人们使用圆珠笔一段时间后就会出现漏油的毛病。为此，圆珠笔上市一两年后就出现了销售危机。

许许多多研究圆珠笔的人对于漏油问题都进行了反复深入的研究，大家都发现圆珠笔使用时间一长，笔珠就会受到磨损，然后墨油就会在磨损部位漏出来。许多人为此绞尽脑汁，却毫无成果。原因是大家都把注意力集中在毛病出处——笔珠的研究上，拼命提高笔珠的耐磨性。然而当笔珠的耐磨性改善了，但笔珠与笔杆接触时的耐磨问题又突出起来，顾此失彼，难题一直未能有效解决。

日本人中田藤三郎分析了圆珠笔的结构及出毛病的原因，也研究了许多人对改进漏油问题的失败，于是他决定在笔芯上做文章。通过反复试验，他统计到圆珠笔漏油前所写的字数，在掌握这个数字的基础上，他着手把笔芯的装油量适量减少，这样，当圆珠笔珠圈磨损而开始漏油时，笔芯中的墨油差不多用完，这样也就无油可漏了。凭着与众不同的思维，中田巧妙地解决了漏油问题。

经验在很多的时候指导着人认识事物，人们在看待某个事物时，往往会下意识地受到那些传统看法和观念的影响。可是，因为经验的权威性和正确性，人们往往都习惯于在经验的框架内思考问题，因而不可避免地导致思维的局限性，不利于思维的创新和事物的成功解决。所以，当经验或传统的想法不适用的时候，那么就应该突破惯性思维，试着换一种全新的方法来达到目标。

20 世纪 40 年代，纽约市中心的一家银行贷款部来了一位妇人。她要求贷款，贷款经理说："可以，按规定，只要您提供相应的担保，借多少都可以。"妇人说："我只借一美元可以吗？"

贷款经理说："当然可以！不过需要担保。"妇人从皮包里拿出了一大堆票据说："这些是担保。您数数，一共是 50 万美元。"贷款经理看着 50 万美元的票据说："您真的只借一美元吗？"妇人说："是的，但我希望，允许提前还贷，有问题吗？"贷款经理说："没问题。这是一美元，年息 6%，为期一年，可以提前归还。归还时，我们将这些票据还给你。这是合同。"贷款经理虽有疑惑，但妇人的贷款没有违反任何规定，他只能按照规程办手续。

妇人在合同上签字后，接过一美元说了声"谢谢"转身要走。贷款经理喊住她，问："我实在不明白，您担保的票据值那么多钱，为什么只借一美元呢？即使您要借个三四十万美元，我们也很乐意。"妇人说："噢，是这样的。我必须找个保险的地方存放这些票据，而租个保险箱得花不少费用。放在你们这儿既安全，又能随时取出，一年只要 6 美分，实在是划算的很。"这一说法，让银行里的人都惊呆了。

好的想法带来好的结果。如果妇人按照一般人的想法去租保险箱的话，那么她将花去一笔不少的费用，但是她偏偏打破传统的思维，她去银行借一美元，然后用 50 万美元作担保，因而她一年只需花 6 美分。

经验在人们生活中无疑起着很重要的作用，但是事物是不断变化的，世界上没有一成不变的东西，经验也需要随着事物的变化而完善。因而人们看问题或者解决问题都不能拘泥于经验之类的东西，而应该学会灵活变通，懂得从不同的角度来思考问题和解决问题，只有这样，才能得到好的点子，给自己的事业带来好的因素。

思路决定财路

思路决定财路，有什么样的思路就有什么样的财路。在当前市场经济条件下，市场并不缺，缺的是独运匠心、别具一格的思路。

在很久很久以前，有个善良的年轻人。他孝敬父母，爱护儿童，经常帮助别人。终于他感动了上天，派了一个神仙下凡来奖励他。

神仙对他说："年轻人，我可以满足你一个愿望，你想得到什么?"年轻人想了半天没说话。于是，神仙动了动自己一根金光闪闪的指头，先是把路边的石子点成金子送给年轻人，被他拒绝；接着，神仙把路边的一块大石头点成金子，仍遭拒绝；神仙又把年轻人住的茅屋变成了金屋，把他家后面的土山变成了金山，但他还不满足。

神仙又对他说："年轻人，我会点金术。可以把石头变成金子，你想要多少都可以!"

年轻人听后想了一下说："我想学你的点金术。"

神仙问他："为何不要金子而要学点金术?"

年轻人说："就算你给我再多的金子也总有用完的一天。但是学会点金术后我就可以取之不尽、用之不竭。可以帮助更多的人。"

世界著名成功学家拿破仑·希尔曾提出"思考创造财富"，对于一个人来说，财富的多少并不重要，重要的是要有一颗能够创造财富的脑袋。

思路决定财路，有什么样的思路就有什么样的财路。市场经济条件下，只有饱和的思想，没有饱和的市场；市场并不缺，缺的是发现，缺的是独具匠心、别具一格的思路。

沈阳有个叫王洪怀的人，现在是百万富翁，可他原本是个"拾破烂"的。一天，在捡易拉罐时，他突然觉得靠这样的方式获得的收益太少，一个易拉罐就赚那么几分钱，一天拾100个，还不够买一份盒饭。于是，他望着易拉罐展开了联想：易拉罐是金属做的，能不能把易拉罐熔化做金属材料呢？卖金属材料，一定比卖易拉罐赚钱……

于是，他在自己的废品屋里"实验"起自己的设想。他把一个空易拉罐剪碎后，放在煤球炉上烘烤。易拉罐随即变型，熔化成一块手指甲大小的银灰色金属。他拿着自己研制的"成果"，又拿出600元钱到有色金属研究所进行化验。化验的结果是：该材料为铝镁合金。铝镁合金是一种贵重的金属材料，在市场上有广泛的用途。

他算了一笔账：54个易拉罐能炼出1000克铝镁合金，5.4万个就是1吨。1吨能卖多少钱呢？金属公司的人告诉他，市场上铝锭的价格是：每吨为1.4至1.8万元。也就是说，拾5.4万个易拉罐至少可卖1.4万元。很显然，卖材料比卖易拉罐获得的收益要多六七倍！那么，市场上对易拉罐的需求到底有多大呢？经他了解获知，全国共有14条易拉罐生产线，每年要用掉 2000 吨左右的板材原料，需求量极大！既然有这么大的原材料需求量，与其去捡空易拉罐，还不如去收购易拉罐熔炼。

很快，他从一个拾荒者，变成了回收易拉罐的老板。为了让更多的拾荒者将空易拉罐卖给他，他把回收价格从每个几分钱提高到 1 毛 4 分钱，并将回收价格以及交货日期和地点印在一张小卡片上，向全市拾荒者散发。就这样，空易拉罐开始络绎不绝地送往他指定的地点，甚至连废品回收站也将易拉罐用汽车送往他这儿。

一切都在按他的计划进行。当易拉罐达到一定的数量后，他开办了一家金属再生加工厂，从回收易拉罐的老板，他又摇身一变为熔炼易拉罐的老板。在一年之内，他利用空易拉罐炼出了 240 多吨铝锭，头 3 个月就挣了 57 万元！在此后 3 年的时间里，他的纯收入达 270 万元。

古人云："力之用一，而智之用百。"意思是说，使蛮力，你只能得到微薄的收益，而投入智慧，用心思考，你却能获得巨大的财富。

思路决定财路。只要做一个有心人，就能在别人看不到希望的地方，发现闪光的机会；就能在别人认为不可能出现奇迹的地方，创造出奇迹；就能在不起眼的平凡小事上，做出不平凡的辉煌成绩。

在思考中挖掘机遇

人不怕口袋空空，只怕脑袋空空。只要肯动脑筋，垃圾也能变成黄金。也就是说，真正的财富不是口袋有多少钱，而是脑袋有多少东西。

在 IBM（国际商业机器公司）全世界管理人员的桌上，都摆着一个金属板，上面写着"Think"（思索，考虑）。这个词是 IBM 创始人 Thomas J Watson（托马斯·约翰·沃森）提出来的。一次，在他主持的销售会议上，气氛沉闷，无人发言，于是，华特森在黑板上写了一个很大的"Think"，然后对大家说："我们共同缺的是，对每一个问题充分地去思考，别忘了，我们都是靠脑筋赚得薪水的。"从此，"Think"成为了华特森和公司的座右铭。

思考是认识世界的工具，也是改造世界的基础。人与人之间的能力强弱、贡献大小，很重要的一点，就在于善不善于思考问题。

一位富商，英年早逝。临终前，见窗外的市民广场上有一群孩子在捉蜻蜓，就对他三个未成年的儿子说，你们到那儿去给我捉几只蜻蜓来吧，我许多年没见过蜻蜓了。

为了满足父亲的愿望，三个儿子都出去捉蜻蜓了。

不一会，大儿子就带了一只蜻蜓回来。富商问，怎么这么快就捉了一只？大儿子说，我用你给我的遥控赛车换的。富商点点头。

又过了一会，二儿子也回来了，他带来两只蜻蜓。富商问，你怎么这么快就捉了两只蜻蜓回来？二儿子说，我把你送给我的遥控赛车给了一位小朋友，他给我 3 分钱，这两只是我用 2 分钱向另一位有蜻蜓的小朋友租来的。爸，你看这是那多出来的 1 分钱。富商微笑着点点头。

不久老三也回来了，他带来 10 只蜻蜓。富商问，你怎么捉那么多的蜻蜓？三儿子说，我把你送给我的遥控赛车在广场上举起来，问，谁愿玩赛车，愿玩的只需交一只蜻蜓就可以了。爸，要不是怕你着急，我至少可以收到 18 只蜻蜓。富商拍了拍三儿子的头。

同样都有一辆遥控赛车，大儿子仅仅通过与别人交换遥控赛车的方式换来了一只蜻蜓；二儿子通过卖掉遥控赛车的方式再买了两只蜻蜓；三儿子却通过出租遥控赛车的方式得到了 8 只蜻蜓，同时遥控赛车还归属于自己。不同的思维方式，导致了不同的效果，但显然善于动脑的三儿子办事的能力要强于他的两个哥哥。

想法改变人生，思考对于创业的人来说都很重要。企业家们有句名言：不怕口袋空空，只怕脑袋空空。只要肯动脑筋，垃圾也能变成黄金。某银行的销售广告也强调了思考的重要性："真正的财富不是口袋有多少钱，而是脑袋有多少东西。"

的确，脑袋就是一个人的想法、观念，想要使口袋有钱，一定要先让你有一个富有的脑袋。因为一个人贫穷，不是口袋贫穷，而是脑袋贫穷。一个人脑袋富有后，自然就能赚进许多财富，口袋也富有起来。

19 世纪中期，美国有位名叫海曼的画家，他靠为行人画铅笔素描维持贫困的生计。由于街头行人较多，画稿纷乱，他经常陷入找不到橡皮的麻烦。怎么解决这个问题呢？他日思夜想，后来，他灵机一动，将橡皮用一小块铁皮绑在铅笔的后部，于是，世界上第一枝橡皮头铅笔就这样诞生了。当海曼了解到别人也遇到了同样的问题时，他决心推广自己的发明以解决人们的不便。他将这一发明卖给了一家铅笔厂，获得 55 万美元，这在当时是一笔非常可观的财富，海曼由此摆脱了贫困的生活，而那家铅笔厂更通过该产品获利千万。

格林伍德小时候也是一个爱动脑筋的人，他思考问题的方法常常与其他小朋友不同。15 岁过圣诞节时，他得到了一双心仪已久的溜冰鞋，他高兴得皮帽子也忘了戴，就去屋外结冰的小河溜冰。可是几分钟后，他的耳朵就被冻的受不了，而戴上帽子却又热得满头大汗。格林伍德就想，全身上下只有耳朵冷，为什么就不能给耳朵做个套子呢？他跑回家，请妈妈给他做一副耳套。戴上棉耳套去滑冰，既解决了耳朵的保暖，又避免了流汗。从此格林伍德就和他妈妈生产起耳套来。后来，他还申请了专利，办起了工厂，并因此成了百万富翁。

思考不仅是成就事业的摇篮，许多科学成就也是起源于它。英国科学家牛顿曾对人说起自己成功的原因时说："如果说我对世界有所贡献的话，那不是因为别的，而只是由于辛勤耐久的思索所致。"

著名科学家爱因斯坦出生于德国的一个小镇上，少年时期并没有显露出他所具有的天才。他开口说话很慢，以至于教师感到他"迟钝、愚笨"。实际上，阿尔伯特·爱因斯坦是个具有聪明才智的人。他勤于思考，在回答任何问题之前，总要反复考虑很多东西。

爱因斯坦学得越多，需要思考的东西也就越多，思考的东西越多，提的问题也就更多了。但是，他提的问题往往很奇怪，通常老师回答不出来，老师常常会因此满脸通红，感到他很奇怪。他在12岁时就已自学了几何学和微积分——那是两门难懂的课程，一般要在中学和大学才教。

后来，爱因斯坦对天体开始产生兴趣，为什么星星在天空中移动而不会互相碰撞？是什么将那些微小的原子组合在一起形成各种各样的物体？经过一番研究和思考，爱因斯坦意识到宇宙中的一切必有其内在的规律，大小物体均如此，并推算出一些依靠当时的仪器设备还无法观察得到的星体的存在，并被后来发达的科学技术所证实。

后来，爱因斯坦经过苦苦思索，力图解答诸如光、能量、运动、重力、空间和时间等方面令人费解的问题，并写出了具有重大历史意义的著作——《相对狭义论》。

机遇常常深藏在平庸无奇的偶然事件中，只要你调动智慧的精灵及时地捕捉它，机遇就会为你所有。英国学者埃德蒙·伯克认为："智慧不能创造素材，素材是自然或机遇的赠与，而智慧的骄傲在于利用了它们。"这就是说，有智慧的人善于发现和利用机遇，一个人只要富有智慧，总会找到属于他的"偶然性"或机遇。

一个人自呱呱落地之后，上帝赐予他最好的一个财富，便是人的头脑，那是财富的所有！有的人勤于开动自己的脑筋，那么其创造新事物或解决生活问题的思路就比别人宽阔，对事物的认识就比别人深刻或正确。因而，他们也比别人更容易成功。但是一些人不利用自己的脑袋，使自己的脑细胞总处于沉睡状态，因而总是无法正确地认识事物，想不出独特的点子，也就无法挖掘出机遇了。

人无我有，人有我优

要想在竞争中保持领先优势，就必须持续不断地进行创新，使自己的产品与众不同，只有这样才能保持或扩大与竞争对手之间的距离，获得更大的成功机会。

如今的时代是一个信息占主导的社会，信息的发达带给人们很多的好处，但是同样带来了一些不好的影响，比如：当一个产品在市场上畅销时，马上就有人及时地推出类似产品；当一个想法付诸行动并有所成效时，不用多久就有人毫不脸红地拿来为己所用；当一个创意为世人称道时，立马有人在另一个角落进行复制……

如何在一个竞争激烈而跟风严重的社会中保持不败呢？据说美国的高新企业在面试应聘者时已经修改了试题，不再让他们填写履历以及做一些知商和情商测试，而是直接发给面试者一张纸，让他们写下自己的想法，然后问他们一个问题：你和别人有什么不一样？

"不一样"、"与众不同"，才能在激烈的竞争中脱颖而出。这就是蓝海战略。意即在目前过度拥挤的产业市场中，硬碰硬的竞争只能令企业陷入血腥的"红海"，而流连于红海的竞争中，将越来越难以创造未来的获利性增长。

刘礼华是永安市小陶镇人，读完高中后，"不安分"种田的刘礼华总想做点什么。1993年，刘礼华开始办厂。当时，他看到农村的妇女都很闲没事可做。这么多的闲置劳动力资源，让刘礼华萌生了办厂的冲动。小陶及周边的罗坊乡、洪田镇毛竹资源丰富，而当时炎夏人们还很少用空调，加工竹凉席有相当市场。

这年9月，刘礼华自费带着样品参加厦门"9·8"招商会，去揽订单。途经华安住店时，他发现旅馆铺的竹凉席质量很好，而自带的产品颜色和质量不一，稍逊一筹。刘礼华灵机一动，花高价买下了旅店里的一床竹凉席，带去展示。结果与香港客商签下了出口到南非的一大订单。

有了订单，刘礼华回家后立即着手组织生产，依样做。由于是初次办厂，为了保质保量按时交货，刘礼华只好找别人合作。交货后，刘礼华略有小赚，但重要的是赢得了香港老板的信赖，并成为朋友。从此，刘礼华的创业之路越走越宽。

企业走上正轨之后，刘礼华每次外出考察市场，总把自己当成消费者进行换位思考，然后对产品不断改进。然而在1999年，许多地方都在加工竹凉席，竹凉席也面临着激烈的竞争。如何在竞争中脱颖而出呢？

刘礼华决定走创新的道路，做到"人无我有，人有我优"。为了避免和别人产品雷同，刘礼华研发出花形竹席块，无论在样式上，还是色彩方面，都比别人的产品更漂亮，给人一种舒服和亲切的感觉。产品上市后大受人们喜欢，别人一床150元，他卖的竹凉席贵出30多元，还供不应求。

尝到创新的甜头，刘礼华更加热衷在生意场上做个有心人。他每年都带着技术员到浙江庆元、广东等竹制品加工厂家取经；进了市场，他就搜集各种竹制品来研究。他发现，随着生活水平提高，消费者更多地考虑健康环保因素。由此，他找到了新的商机。

2005年市场上出现了竹胶菜板，但化学胶水不利于健康，刘礼华心想：开发无胶竹菜板可能更加受消费者欢迎。于是，他决定上马无胶竹菜板，并高薪请来相关专家。无胶竹菜板选用竹龄6年的老竹头，用不锈钢条串起紧实，质地坚硬，同时它也符合人们追求健康人居环境的心理。因而，尽管无胶竹菜板每块价格比竹胶菜板要高出11元，但还是受到了人们的青睐。

靠着"人无我有，人有我优"的经营理念，刘礼华始终走在别人的前面，因而把别的竞争对手抛的越来越远。

传统竞争模式是"大鱼吃小鱼"，现代竞争模式是"快鱼吃慢鱼"。要赢得明天，不是靠和对手竞争，而是要开创"蓝海"，走一条创新之路，做到与众不同，这样才能把竞争对手彻底甩得远远的。

田强于2000年承包了村集体20亩土地种果树，该地盛产苹果，农民大多有种苹果树的习惯，这也导致了市场饱和，苹果价位低、利润小，不少果农为此犯了愁，有的果农还砍了苹果树改种农作物，可农民田强却靠种果树收入不菲。

原因在哪里呢？原来田强经营果树的方式与别人不同，他一直追求"品种生存"的经营理念。在他的果园里，每年都有新品种进园，他的20亩果园里种植了20多个名、优、特品种，其中有7个稀有品种。果园在他的管理下，水果的品质、个头、色泽都独树一帜。

有一次，他得知天津市果树研究所培育出一种高档水果"西梅"，他立即赶到这家研究所，发现全国只有7户农民种植该品种，而他所在的河南没有种植该品种。于是他高价引进该品种，并种植了3.5亩，在他的精心管理下，第一年"西梅"亩产250公斤，第二年亩产1250公斤，第三年亩产3000公斤。让田强没有想到的是，广州一富商得知消息后，竟来到他的果园，准备以80元每公斤搞批发，"西梅"成熟后几天就售完了。

虽然不久"西梅"在市场上已很普遍，可田强管理生产出来的"西梅"最重的达1.5公斤，平均每个1公斤，在品质比别人更为突出，因而在市场上还是处于有利的地位。

市场的一条重要规则就是"物以稀为贵"，而在现实的市场中，却往往是供大于求。对于一些没有特色的商品，很难使人们产生购买的欲望。因而，对于任何一个在商海中打拼的人来说，要想在竞争中保持领先优势，就必须持续不断地进行创新，使自己的产品与众不同（或者是别人没有的产品，或者是比别人好的产品），只有这样才能保持或扩大与竞争对手之间的距离。

从空白处抓取机遇

市场空白点就意味着财富崛起点，要创业就要善于捕捉市场空白点，从市场空白点来抓取机会。

有一句古语说："人满之地常为患，无人区里任纵横。"意思是，在人多的地方，人容易拘束，感到不自由；在人少的地方，可以无拘无束，自由自在。这句话在商业中同样适用。

试想一下，如果你想从事比较受关注的行业的话，那么你就会要面对相当多的对手，竞争自然就会很激烈；而如果你去从事一个刚起步或还没起步的行业，那么就不会有很多人跟你竞争，竞争的压力自然就会少些。因而，一个人要想创业成功，不仅仅要学会在一个热门行业保持自己的竞争优势，同时也要知道怎样在一个不受关注或没被人发现的地方开创自己的事业。

2001 年大学毕业后，关琳来到一家四星级酒店工作。她的工作是为一位刚聘请来的法国大厨当助手。因为大厨维克多是个雪茄迷，业余时间外出散步时，维克多对关琳讲得最多的就是雪茄。在一次闲谈中，维克多告诉关琳，在欧美国家，雪茄几乎无处不在。每个酒店里都有颇具规模的雪茄专卖店；出入商务会所，朋友会请你到雪茄室抽一支；去酒吧喝酒，侍应生会给你递来雪茄单，毕恭毕敬地向你推荐"大卫杜夫""卡西亚维加"。可是在北京，想买优质雪茄却很困难。

　　听到维克多的"抱怨"，关琳忽然想到，北京少说也有十几万外国人，他们买优质雪茄如此困难，如果自己开一家雪茄专卖店，只要品种齐全，一定会大受欢迎的。

　　晚上，当关琳把自己想开雪茄店的打算告诉几位女友时，她们都认为这是个好主意。但是，雪茄是一种"奢侈品"，开一家专卖店需要投资很多钱的。如：产自牙买加的"麦克纽杜"价格为 250 元，多米尼加的"大卫杜夫"价格是 400 元，有的甚至上千元。到哪里去弄一笔启动资金呢？

　　第二天，当关琳愁眉不展时，维克多对她说："关，我虽然讨厌做生意，但对你开雪茄专卖店创业的大胆想法很感兴趣。如果可以的话，我愿意以入股的方式投资一部分钱。"关琳惊喜异常，没想到，这位法国大厨关键时竟帮了自己的大忙！

　　于是，关琳辞去酒店的工作，在靠近北京使馆区的地方物色到一个门面，同几个懂行的朋友一起动手装修，忙活了两个多月。2002 年 3 月，一家风格独特的优质雪茄专卖店就红红火火地开业了。关琳的店有 30 多平方米，很宽敞，招牌上没有中文，只有一行字母——Montecristo（蒙特），这是古巴雪茄中的一个著名品牌。内行一看就知道里面经营什么。

　　第一个月，关琳赚了近 3 万元钱，在外人看来这已经很不错了，实际上除去昂贵的房租和多项日常开支，几乎没什么利润。第二个月仍在这个数字上徘徊，关琳十分着急。若如此发展下去，用不了多久"蒙特"就会关门。

　　关琳知道，雪茄对于中国人来说，还没有太大的吸引力，其顾客主要是驻京的外国人。为了让更多驻京的外国人了解

"蒙特"，她特意向领事馆发函介绍"蒙特"，同时还在一些主流英文媒体上做广告。这个办法效果很好。很快，使馆区的老外都知道"蒙特"经营着品种极为丰富的高档雪茄。从此每天都有许多穿着讲究、讲不同语言的洋人在店里进进出出。"蒙特"简直成了各国外交官的天下！

后来关琳根据顾客要求，又增加了酒水服务这个项目。因为不少外国人都喜欢边抽雪茄边品着威士忌、白兰地、人头马之类的洋酒。有的人，还喜欢把雪茄放在威士忌酒里蘸一下，然后再拿出来点燃。他们围坐在特别舒适的休闲椅上，在若隐若现又无处不在的柔和灯光下，品着陈年美酒，听着抒情的爵士，品味着雪茄的香醇，谁能说这不是一种人生的超级境界。经过采取这一系列措施，从第四个月开始，关琳的店开始实现赢利，当月除去各项开支净赚 2 万多元。第五个月，这个数字猛然上升到 4．6 万元！

谈到今天的成功，关琳说："做生意要善于捕捉市场空白点，因为'冷门'往往蕴含着巨大的市场前景，而且，由于很多人还没发现或忽略它的商机，竞争相对来说不那么激烈。对于初做生意的打工妹来说，这就是一个很好的机会，谁能够把握，谁就会成功！"

对于商海中的人来说，市场空白点就意味着财富崛起点。对于一个创业者来说，就要学会寻找市场空白点，找准市场空白点，然后乘虚而入、见缝插针，这样就能创造出难得的商机，走向成功之路。

不满 28 岁的夏泓 2 年前就因所在工厂倒闭而下岗了，为了生活，她曾替人家卖过家电家具、服装布料、装饰材料等。口齿伶俐的她是一位有心人，不管卖什么，她都认真学习有关商品的一些知识，仔细研究顾客的消费心理，所以她卖货不但多，且能卖上好价。

一天，夏泓原单位的同事来求她去帮助买结婚用的家电，凭着她卖家电时的经验和对卖货者心理的了解，很快她就把3种家电的价格讲到了让同事满意的程度。当天走出商场，同事对夏泓说出了心里话："我先后3次走进这家商场都没把价讲下来，没想到你一出马，竟给我省下400多元钱。"这位同事拿出100元塞给夏泓，夏泓说什么也不要，同事却说："如果不是你帮着讲价，这400多块钱可就白白让人家赚去了，这点钱算是我付你的讲价费吧！"

拿着100元钱，想着同事的话，夏泓来了灵感：是啊，现在好多人对商品不是很了解，买东西总是买不到称心如意且价格实惠的商品。如果自己开个讲价公司，不是很有市场吗？说干就干，几天后，夏泓将开办了属于自己的公司，并在当地电视台做起了广告。

广告打出的第2天，就有几个客户找上门来。凭着良好的商品知识和销售经验，她总能把商品的价格讲到令顾客满意，然后收取一定的服务费，这样她每天收入都在80元以上，最多的一天她接待了9位顾客，净赚了400多元。两个月下来，她赚了近万元。后来夏泓又招收几位口齿伶俐的下岗大嫂，扩大了服务部的规模，正经八百地做起了"砍价老板"。

要想在商海中取得成功，就要学会自己分析市场，研究市场，善于从市场的空白点或薄弱的地方抓取创业的机会。不过，要想在市场的空白点有所作为，还要避免一味跟大流，否则就容易使自己的经营变得被动和盲目，导致生意失败。

从"不可能"中找机会

"不可能"对于一些人而言，往往是一颗绊脚石，但是对于另外一些人来说，却是一个大好的机遇。如果你善于把"不可能"变为"可能"，那么你就可能成功。

美国布鲁金学会以培养世界杰出的推销员著称于世。它有一个传统，在每期学员毕业时，设计一道最能体现销售员实力的实习题，让学员去完成。

克林顿当政期间，该学会推出一个题目：请把一条三角裤推销给现任总统。8 年间，无数的学员为此绞尽脑汁，最后都无功而返。克林顿卸任后，该学会把题目换成：请把一把斧子推销给布什总统。

布鲁金斯学会许诺，谁能做到，就把刻有"最伟大的推销员"的一只金靴子赠予他。许多学员对此毫无信心，甚至认为，现在的总统什么都不缺，再说即使缺少，也用不着他们自己去购买，把斧子推销给总统是不可能的事。

然而，有一个叫乔治·赫伯特的推销员却做到了。这个推销员对自己很有信心，认为把一把斧子推销给小布什总统是完全可能的，因为布什总统在得克萨斯州有一个农场，里面长着许多树。

乔治·赫伯特信心百倍地给小布什写了一封信。信中说：有一次，有幸参观了您的农场，发现种着许多矢菊树，有些已经死掉，木质已变得松软。我想，您一定需要一把小斧子，但是从您现在的体质来看，小斧子显然太轻，因此你需要一把不甚锋利的老斧子，现在我这儿正好有一把，它是我祖父留给我的，很适合砍伐枯树……

后来，乔治收到了布什总统 15 美元的汇款，并获得了刻有"最伟大的推销员"的一只金靴子。

很多时候，表面上看起来"不可能"的事通常是可能的，只要不让"不可能"的观念束缚了自己的手脚。当你遇到"不可能"的事情时，首先你应该先想一想使"不可能"达成"可能"的方法。有时，只要你向前迈进一步，或坚持一下，或多思考一些，"不可能"也许就会变成"可能"。而成功者之所以能成功，就是因为他们对"不可能"多了一分不肯低头的韧劲和执着。

20 世纪 80 年代，王欣还是吉林工学院的一名软件教师。当时公安局为了破案，通常都要排查，查一个案子有时要组织几十个人查几个月。一次，有个案子怎么查也查不过来，市公安局长是王欣的老丈人，问王欣能不能把这些资料装进电脑里。王欣觉得这事儿不是不可能。他跟学校商量，学校同意了。研究一段时间后，很多人认为在这样一个机器里面存储大量数据是不可能的，便陆续退出了。结果王欣等留下来的人把不可能变成了可能。

这项成果报给公安部，公安部领导决定投资研究全国的人口计算机系统。但学校不再同意王欣搞这个项目，怕影响教学。王欣决定下海创业，继续研究。当时有很多人担心，万一失败了连饭都吃不上，风险太大了。但王欣不这样想，那时也没有挣钱的意识，只是想干点事。出来就没有后路，只能大胆往前闯。

王欣从 1996 年开始研究指纹产品，主攻方向是指纹锁。由于指纹产品涉及了光学、机械、电子、算法等几个学科，产品研发和制造难度很大。刚开始时，北大和清华也在研究指纹锁。有人劝王欣，你们一个民营软件公司能搞过他们吗？不可能。但王欣想，"不是不可能。公安人口户籍管理系统研制成功后，我们开发了指纹比对系统，这些新产品都取得了成功，并且占据了公安系统的大部分市场。同时，我们手中积累了大量的指纹数据库。这些为我们研发创造了条件。"

现在，他们的指纹产品拥有完全自主的知识产权，指纹算法名列全国第二，电子电路设计、制造技术等与国外技术同步。目前鸿达公司已是全国最大的指纹产品生产基地。

鸿达公司也用他们的指纹锁产品打开了通向世界财富的大门。目前，全球有 27 个国家 100 多个企业有鸿达的样品。美国、德国、沙特、比利时、南斯拉夫、日本、叙利亚等国家和地区纷纷到鸿达公司接受培训，欲做鸿达在各国的销售代理商。而鸿达公司也从刚开始的几万元资产增长到现在的 3 亿多元。

谈起成功的原因时，王欣说："我信奉所有的事情都可能。"

"不可能"对于一些人而言，往往是一颗绊脚石，但是对于另外一些人来说，却是一个大好的机遇，这其中的差别就决定于人对"不可能"的看法。如果一个人轻易地被"不可能"吓倒，那么"不可能"就是一个绊脚石；如果一个人总是想办法去克服"不可能"，那么"不可能"就是难得的机遇。

当然，一个人要变"不可能"为"可能"，不但要从心态上认为"不可能"可以成为"可能"，而且要多想办法使"不可能"变为"可能"，只有这样，"不可能"才能成为为己所用的机遇。

杰克与朋友打赌，称只要方法得当，他能说服别人同意本来不可能同意的事。且看他是怎么做的：

杰克去乡下一个农民家，这家住着一个老头，他有三个儿子。大儿子、二儿子都在城里工作小儿子和他在一起，父子相依为命。

杰克对老头说："尊敬的老人家，我想把你的小儿子带到城里去工作？"

老头气愤地说："不行，绝对不行，你滚出去吧！"

杰克说："如果我在城里给你的儿子找个对象，可以吗？"

老头摇摇头："不行，快滚出去吧！"

杰克又说："如果我给你儿子找的对象，也就是你未来的儿媳妇是洛克菲勒的女儿呢？"

老头想了又想，终于让儿子当上洛克菲勒的女婿这件事打动了。

过了几天，杰克找到了美国首富石油大王洛克菲勒，对他说："尊敬的洛克菲勒先生，我想给你的女儿找个对象？"

洛克菲勒说："快滚出去吧！"

这个人又说："如果我给你女儿找的对象，也就是你未来的女婿是世界银行的副总裁，可以吗？"

洛克菲勒还是同意了。

又过了几天，杰克找到了世界银行总裁，对他说："尊敬的总裁先生，你应该马上任命一个副总裁！"

总裁先生头说："不可能，这里这么多副总裁，我为什么还要任命一个副总裁呢，而且必须马上？"

这个人说："如果你任命的这个副总裁是洛克菲勒的女婿，可以吗？"

总裁先生当然同意了。

有句广告说："没有什么不可能。"虽然这句话有点夸张，但是其中也透露出一个信念，很多人眼中的"不可能"的事情，其实往往可以成为"可能"，这取决于你做还是不做，以及怎么做。

第七章 敢冒风险，博得机遇

机遇，总是悄悄地降临到我们周围，并且稍纵即逝。要把握它、捉住它，就必须睁大你明亮的眼睛，绷紧你的神经，做好随时捕捉它的准备。机遇往往隐藏在不被人注意的事物之中，因此，要捉住它，就必须留意自己身边的一切，哪怕是一件极微小的事，也别错过它可能带给你的幸运。

冒险不是鲁莽行事

不敢冒险的人既无骡子又无马，过分冒险的人既丢骡子又丢马。所谓'大胆地冒险'并不是盲目蛮干，而是以谨慎周密的判断为基础，比他人抢先得到获取利益的机会。

伊卡尔斯是希腊神话里的一位人物，他企图用蜡及羽毛造成的翅膀越过太阳。然而，因为过分接近太阳，蜡翅被炙热的阳光熔化，结果坠海而死。

成功需要冒险。冒险地做一些事情，才能改变现状，才能带来新的更多更好的成功。但是有些人将目标订得太高或行动不够实际，结果呢，就像伊卡尔斯一样，最后掉了下来。

冒险，本属我们生活的一部分，故不应花费太多的时间去逃避。过度地畏惧，会造成自己的不愉快和缺乏自信心。但同时，一味愚昧的冒险或极端的冒险，同样是"自取灭亡"。所以，一个人要成功，就需要"理性的冒险"。

理性的冒险，就像拟定目标一样，必须合理可行。哥白尼敢提出"地动学说"，是以他雄厚的天文知识作为基础的；麦哲伦之所以环球旅行航行，是以地圆学说，罗盘用于航海做后盾的。要冒险，就要把"识"和"胆"结合起来，做到"勇者不惧，智者不惑"，才能成为真正的"冒险家"。

孙正义是亚洲首富，也是一位著名的风险投资人，他的耐心和他的大胆一样出名。他的一些成功的投资都有一个共同的特点，就是在别人还没有意识到价值的时候敢于投入，然后和创业者一起坚持到成功。

胆大，甚至敢于冒险。他的胆大包天甚至到了戏剧化的地步，商界皆知。比尔·盖茨曾经题赠给孙正义的一句话："你和我一样都是冒险家。"

1995年11月，孙正义所掌控的软银公司向雅虎投入了200万美元。1996年3月，软银公司又注资1亿美元，拥有了雅虎33%的股份。大多数人都认为孙正义疯了。在1996年3月，在一个新兴公司投资100万美元都是具有相当风险性的。

但是，孙正义毫不理会外界的担心，而是坚持自己的冒险行动，即使在网络泡沫破灭的时候，他仍然坚持认为："因特网是最安全的投资宝地。"结果雅虎大获成功，孙正义也从其中得到不少好处。

　　谈到孙正义对雅虎的投资，杨致远却说，"我可不认为他是碰运气，他看到的是 15 年 20 年后的事情，他清楚雅虎发展的前景，他对自己的投资心中有数。"

　　冒险与成功常常结伴而行，要想获得巨大的成功就要学会冒险，许多成功人士不一定比你"会"干，重要的是他们比你"敢"干！但这种敢干敢冒险必须建立在理性分析、有必胜把握的基础上。

　　风险是成长中少不了的因素，不经历风险，就成不了才。成功者善于利用各种风险，以求获得更大的利益。但风险既有利也有弊，利大于弊，是有益的；弊大于利，可能遗患无穷。因此，我们不能冒没有把握的风险，更不能为得"勇于冒险"的虚名而蛮干。如果不顾客观实际地一味冒险蛮干，那就变成了冒进，最后的结果可能就是一败涂地。

　　德威热爱野生动物，对动物探险充满着难以抑制的热情。自 2000 年起，每逢夏天，德威都会"逃离"他居住的南加州马里布市，前往阿拉斯加和灰熊一起生活。他努力接近，小心翼翼地替灰熊摄影，睡在它们不远处；当灰熊外出觅食找鲑鱼时，他便深入兽穴探寻灰熊生活的秘密。当假期结束回家时，他的朋友都这样评价他说："德威已成了十足的野人。"

　　2001 年 2 月，南加州电视台在深夜访谈节目中问他是否担心死于熊爪之下，当时德威回答说："我并不认为与熊共同生活会比穿过纽约中央公园更危险。"

　　2003 年 8 月 6 日，阿拉斯加卡特麦国家公园的野生动物保护区传出一则令人震惊的消息：46 岁的美国加州冒险家德威与女友修格纳两人被熊攻击死亡。

事发后，当地警察局从德威的录像机中找到 3 分钟的音像带，其中可以听到德威奋力和大灰熊搏斗的声音，但全程并未录像。有关人员说，他们早有预感，德威早晚会死于熊爪。数年前造访过该公园、见过德威与野熊交往的生态学家密斯特也说，冒险必须遵守冒险规则，但公园的规定德威无一遵守。例如必须与野熊保持安全距离不侵扰野生动物，不干预自然过程等，德威都视若无睹。之所以会发生今天的惨案，与德威本人不遵循自然法则密切相关。

拉伯雷说："不敢冒险的人既无骡子又无马，过分冒险的人既丢骡子又丢马。"冒险不等同于拿自己的生命开玩笑，也并非盲目地去做别人没有做过而且有危险的事，盲目冒险就等于自寻死路。

池本正纯指出："所谓'大胆地冒险'并不是盲目蛮干，而是以谨慎周密的判断为基础，比他人抢先得到获取利益的机会。"对于成功的企业家来说，冒风险的前提是明了胜算的大小。因而，在你做出冒险的决策之前，不要问自己能够赢多少，而应该问自己输得起多少，一点儿把握都没有就盲目地去冒险，那你的胆量越大，赌注下得越多，损失也就越大，离成功就越来越远。

对于冒险的人来说，避免常识性的风险，是人生生涯中应遵守的最基本的原则。冒险务必要适度，就像拟定目标一样，必须合理可行。否则，就容易导致一个人的行动盲目而缺乏理性，不会给自己带来丝毫的帮助。

风险就意味着机遇

风险与机遇总是同时并存的，风险越大，机遇带来的价值就越大。风险是成功的开始。

在这个充满机遇与挑战的年代，风险与机遇总是同时并存的，风险越大，机遇带来的价值就越大。

1899 年，约瑟夫·赫希洪出生在东欧拉托维亚的一个村子里，他是家里 13 个孩子中的第 12 个，幼年丧父。6 岁那年，在母亲的带领下，他们搭火车，乘轮船，经过长途辗转，最终来到了美国纽约市的布隆克林。母亲和姐妹们租了一间房子，开始了极为辛酸的生活。

因为生活在贫民区里，赫希洪从小就十分明白钱对于他们的重要性。在他还是小学生的时候，有一回，他偶尔从纽约证券交易所旁边走过，听人说，这里就是世界上最有钱的地方，他马上就被迷住了。他的眼睛突然睁大了，站在窗外看着人们打着各种各样的手势，就像说哑语一样，他咬着牙齿发誓："我一定要到这里来！"

3 年后，赫希洪果然来到纽约证券交易大厦，当时他只有 14 岁。可是他的运气不是很好，因为那是 1914 年，第一次世界大战已经开始。可是他不知道这些，他想在这里落脚谋生。

后来，他艰难地在爱默生的留声机公司找到了一份在中午的时候还要为总机接线的工作。

他在这里老老实实地干了半年，一天，他很莽撞地向总经理韦克夫提出要求，他更喜欢做的工作是画股票曲线图和制图表。韦克夫居然答应了他的要求，从此他与股票沾上了边，成为了一个股票制图员。

经过3年的努力，他成为了一个专业的股票制图员，对股票的买卖有了很深的了解。就在17岁那年，他给母亲买了一幢房子，一家的生活终于有了好转。可是好景不长，一次股市狂跌，他买进了一家钢铁公司的股票，最后赔的一分不剩，他几乎成了穷光蛋。

那次失败给他上了一堂深刻的股票课。他决心再也不炒股票了，他看到数以百计的富翁一夜之间变成了乞丐，冷汗就不停地往下滴。他虽然不敢再进入股市，但是也不能坐吃山空，他来到了加拿大的多伦多，成立了赫希洪公司。

他在多伦多的一家名为《北方矿业报》的上面看到了一则开矿的广告，里面煽动性的词语，让赫希洪心动了，他认为这是一本万利的生意。他根据广告的指引，来到了报纸上所说的地方。

他经过仔细考察，找到了下一个目标：同那尔金矿。这座金矿是两个叫拉班的兄弟合开的，目前还没有挖到金子，而且他们资金已经枯竭，赫希洪相信这里一定可以挖到金子，于是赫希洪决定冒一下险，他用0．2美元一股的价格买进了60万股。

几个月之后，这座金矿开始出金子，股票也开始上升。赫希洪就悄悄地把自己的股票卖了出去，等他的60万股全部卖完的时候，这座金矿的股票跌到了每股 0．94 美元。不到半年的时间，他就净赚了 100 多万美元。

赫希洪就这样不断地折腾，很多人的钱都流进了他的腰包里。他最终成了亿万富翁。

对于一个人来说，不敢冒险就不能发展，如同乌龟走路一样，乌龟伸出脖子可能会遭到敌手的袭击，但是只有当它伸出脖子才能前进。不愿意冒风险，实际上就是躲进避风港，甚至会像缩头乌龟一样走向死路。

世界电脑销售大王戴尔总裁经常这样教导员工："生活就是一系列的尝试和失败，我们只是偶尔获得成功。重要的是不断尝试并学会冒险。"

在生活中，有一些在做某事之前，总会有很多顾虑，他们害怕失败后所承担的风险，因而他们总会找出很多理由，来使自己不去冒险，最后，他们一事无成。有的人则害怕困难，将一些回报较高的事，推给了别人，但当别人成功后，他们又开始后悔，后悔当初不该……

对于敢于冒险的人来说，没有风险就有危险。世上没有十拿九稳的事，当一个机会来到你的面前，你就应该勇敢地去闯一闯，而不是担心失败而放弃。如果去闯一闯，你有可能成功；如果畏缩不前，你永远没有成功的可能。

10 多年前，打火机的零部件"电子"突然奇缺，温州威力打火机公司的老板徐勇水只身到广州向垄断"电子"的境外厂商进货。为了筹措购买资金，他跟在广州做生意的温州人借钱，发出"借 5 万元，一周后还 6 万"的承诺，一天之内几百万元奇迹般凑齐。正是他的这一举动，挽救了整个温州打火机行业，同时让他一次性赚取三四百万元！

成功往往蕴藏于风险中，而危险往往就伺伏在"风平浪静"之后。

1993 年之前，周成建还在温州妙果寺市场里，前店后厂加工服装销售。当时的市场可是全国屈指可数的服装源头市场，货品如山，人流如潮。就在摊主们每天笑呵呵地大把大把赚钱的时候，周成建却出人意料地撤出市场，将所有的资金"砸出去"创建美特斯·邦威公司。周成建后来这样解释自己当时的决定：市场上每家摊位都是自己加工服装销售，规模小不说，而且没有品牌，对顾客的吸引力会渐渐减弱，迟早市场会要关门的。事实证明他的预见没错，如今，妙果寺市场早已撑不下去了，改成了花鸟虫鱼市场，而周成建的公司已建成全国休闲服生产销售龙头企业。

法国作家记德曾说："若不先离开海岸，是永远不可能发现新大陆的。"风险与机遇如同一个硬币的两面，如果你害怕风险，那么你就会失去硬币；只有敢于承担风险的人，才能可能将硬币抓在手中。

自古机遇险中求

冒险是一切成功的前提，没有冒险就没有成功。冒险越大，成功越大。

　　自己想做却不知是否会成功的事，但还是鼓起勇气去做，这就叫做冒险。海伦·凯勒说："人生要不是大胆地冒险，便是一无所获。"冒险是一切成功的前提，没有冒险就没有成功。冒险越大，成功越大。

　　诺贝尔是瑞典化学家。1833 年 10 月 21 日生于斯德哥尔摩的一个热衷于化学研究的家庭。在他出生后不久，一场大火烧得全家一贫如洗。诺贝尔只好跟着父母外出寻找生路。先后到过俄国等一些国家。他从小就看到工人们在荒山秃岭里用铁镐吃力地砸石头，为了开通一条铁路，一条公路，要花费多么艰苦的劳动啊！小诺贝尔心想，要是能找到一种炸药，一下子就能炸毁岩石，移山填海该多好哇！

　　诺贝尔的父亲伊曼纽勒·诺贝尔，是一位很有名望的机械发明家，却热衷于化学实验，致力于制造炸药。

　　老诺贝尔常向儿子讲述古代科学家的发明故事，启发儿子的智慧，鼓励儿子要为人类多做贡献。并经常在厂里搞些雷管和炸药的试验，这些都引起了少年诺贝尔的极大兴趣。

　　1846 年，意大利教授阿斯康尼亚、索勃莱洛在实验中用制肥皂的副产品甘油和浓硫酸、浓硝酸混合制得了硝化甘油。索勃莱洛用它来治心脏病。

　　一天，索勃莱洛把这种液体化合物——硝化甘油放入烧杯中加热，企图观察这种化合物蒸发后起什么变化，谁知意外地发生了爆炸，"喔，原来硝化甘油是一种烈性炸药。"这下教授明白了。

　　由于硝化甘油非常容易爆炸而且是液态物质，所以不少人对它的制造、运输、贮存、使用无法很好控制，因此也就很难用于实际——因为有不少人在爆炸声中丧生，人们听到爆炸声就望而却步。

诺贝尔却勇敢地知难而进。走上一条充满艰辛并且时时在与死神打交道的登攀之路。

诺贝尔早就听说过中国的黑火药，并对此颇有研究，他拿出了将硝化甘油与黑火药混合的研制方案。第一个难题是经费，为此诺贝尔去面谒法国国王拿破仑三世，陈述炸药的效能、功用。拿破仑只想到一点：如炸药研究成功用于战争将大有可为。于是命令一个银行家出资10万法郎帮助诺贝尔搞试验。

最初，诺贝尔想用黑火药引导火急速加热硝化甘油的方法使之爆炸，结果没有成功。无数次的试验，使诺贝尔认识到：问题不在于硝化甘油本身，而是引爆装置不安全的原因，为此他竭尽全力进行安全引爆装置的试验。

由于实验连连爆炸，吓得周围的邻居都害怕了，不准他在那里试验。诺贝尔就把实验室搬到马拉伦湖。在湖中心的一艘船上继续研究硝化甘油，他在四年多的时间里进行了400多次试验，终于发明了可初步控制的硝化甘油炸药和含汞的硝酸盐雷管，但诺贝尔为此付出了极大的代价——他的实验室完全被摧毁，他的父亲重伤变成残废，他的弟弟被炸死，他的哥哥身负重伤，他本人几次死里逃身。

1867年在一个偶然的机会，诺贝尔看见搬运工人从货车上卸下硝化甘油罐，从有裂缝的甘油罐中流出的液体，居然和罐子外面的泥土混合而形成固体，硝化甘油却没有发生爆炸。这下奇迹发现了，诺贝尔急忙拿出一把吸饱硝化甘油的泥土进行试验，发现这种泥土在引爆后能猛烈爆炸，不引爆时很安全。诺贝尔高兴极了，着手进行大规模的试验。他堆积了大量渗有硝化甘油的泥土，用导火索引爆。没有料到，一声巨响，浓烟滚滚，实验室被送上了天，人们失声惊喊："诺贝尔被炸死了！""这下诺贝尔可真的完了！"

谁知，不一会儿，满脸污血的诺贝尔从瓦砾堆中挣扎着爬了出来，狂呼道："成功了！我的试验成功了！"

诺贝尔终于发明了安全固体烈性炸药——三硝基甘油和硅藻土的混合物。这种炸药很快获得瑞典政府的专利权。法、德等国也购买了这个专利。

后来，安全烈性炸药广泛用于开路、筑路等工程。长达9英里的阿尔卑斯山的隧道，就是用这种炸药炸通的。虽然，炸药也被用于战争，给人带来了不幸，但是总的来说，炸药推动了人类的发展，这一切都是诺贝尔冒着个人生命危险带来的。

冒险精神是人类发展的动力，没有先人的冒险和探索，就不会有人类疆域的不断拓展、社会的进步和科技的发展。

冒险也与成功同在。在第一个吃螃蟹的人之前，没有人知道螃蟹味道的鲜美，而只有第一个吃螃蟹的人，才能发现和体会螃蟹的价值。成功也是一样，越是敢于冒险的人，越能抓住别人不敢为之行动的机遇，从而更容易成功。

冒险才能领略到奇异的风景和壮美的景观。所谓"无限风光在险峰"，一个人只有登上高峰，才能体会到"一览众山小"的快意。而宋代诗人王安石也认为，"而世之奇伟、瑰怪、非常之观，常在于险远。"如果一个人不愿冒险，只想追求平稳安定的生活，那么就不会享受到真正成功的滋味。

"如果生活想过好一点，你必须冒险。"维斯戈说，"不制造机会，自然无法成长。"一个没有冒险精神、胆怯、怕事的人，将无法成长。任何一件事在没有完成之前，都会包含有不确定的因素，也往往也伴随着一些风险，而这往往是机会对一个人的考验。敢于承担一些风险的人，机会就会降临在那个人的身上。而不敢承担风险的人，机会就会离他远去。没有冒险精神，过多的"担心"、"害怕失败"的心态，不会帮你解决什么问题，它们只会阻碍你为之行动。

培根说："世界上有许多做事有成的人，并一定是因为他比你会做，而仅仅是因为他比你敢做。"

机遇钟情于冒险者

成功与冒险成正比的，所有的成功，都是敢想、敢做、敢于冒险的结果。成功离不开冒险。

美国杜邦公司创始人亨利·杜邦说："危险就是让弱者逃跑的噩梦，危险也是让勇者前进的号角。冒险是一种最大的美德。"成功与冒险成正比的，所有的成功，都是敢想、敢做、敢于冒险的结果。成功离不开冒险。

马克西姆餐厅创办于1893年，是法国较高档的著名餐厅。但是，发展到20世纪90年代，经营却越来越不景气，到1977

年为止，已濒临倒闭的边缘。当时的皮尔·卡丹已是著名的时装大王，但他却把目光转向了马克西姆餐厅。

"买下这个餐厅。"这就是皮尔·卡丹的决定。

朋友都以为皮尔·卡丹在开玩笑，纷纷劝止他："这个餐厅本来就不景气，而且要买下来耗资巨大，等于自己给自己拖一个包袱。"还有人对他说："不要让自己走向破产，头脑要冷静一点。"

但是，皮尔·卡丹自己却有独到的见解：马克西姆虽然目前不景气，但历史悠久，牌子老，有优势。它经营状况不佳的主要原因在于档次太高，而且单一，市场也局限在国内，只要从这几方面加以改进，肯定可以收到成效。而且，趁其不景气的时候收买，才能以低价买进。

"成功的机会很多，但能抓住的人不多，正因如此，成功的人不多，要想与众不同，关键时刻必须有自己的见解，要敢于冒险！"皮尔·卡丹这么认为。

1981年，皮尔·卡丹以巨款买下了马克西姆这一巨大产业。经营伊始，他立即着手改革，走出困境。首先，增设档次，在单一的高档菜的基础上再增加中档和一般的菜点。其次，扩大经营范围，除菜点外，兼营鲜花、水果和高档调味品。另外，皮尔·卡丹还在世界各地设立马克西姆餐厅分店。

值得一提的是，马克西姆餐厅分店在1983年又开设到了北京。当时，皮尔·卡丹亲自飞到北京，考察办店条件，在北京工作的法国人都劝阻他说，他对中国市场的看法是极不现实的。但是，皮尔·卡丹已经把目光瞄准了中国这块市场。1983年，他正式在北京开设马克西姆餐厅分店，专门经营中档法国菜点，顾客盈门，获得了巨大的成功。

抓住机遇，然后放手一搏。这就是皮尔·卡丹的成功之道。

现代社会，做任何事情都有风险，人走路有风险、吃饭有风险、肥胖的人连睡觉都有风险，甚至将钱存入银行也有风险。如果总是担心这，担心那，那么恐怕就惶惶不可终日，什么事也做不成。只有乐于迎战风险的人，才有战胜风险、夺取成功的希望。

秦英林出生在河南省内乡县马山口镇河西村，祖辈都是农民。1985年，他考进河南农业大学畜牧专业。1989年毕业，分配到南阳市一家食品公司工作。1990年结婚，"过起了许多农村娃梦寐以求的城里人生活"。

开始时日子过得甜甜蜜蜜，上班坐办公室，一切按部就班。但时间久了，秦英林的心里没着没落的。干的与学的关系不大，自己刻苦学习为了什么？像父亲这样的农民在农村不知有多少，为什么不利用自己所学，做点真正有意义的事呢？秦英林萌发了回乡创业的念头。但他还是犹豫了3年。

这3年里，秦英林为南阳的几个朋友设计猪舍、调配饲料，小试牛刀就得到大家的赞赏。他从中看到了自己的价值所在，坚定了回乡养猪的信心。1992年秋，他辞职与妻子一起回到家乡河西村，开始了"猪倌"生涯。

回来后，周围是一片反对声。同学说，咱农村孩子闯进城里不容易，丢了"铁饭碗"你肯定要后悔；父亲说，咱农村是个人都会养猪，谁要你这个大学生来逞能！

但巨大的压力没有压垮秦英林的信念。为筹建万头猪场，他向家人和朋友借了3.1万元。白天黑夜他都住在用玉米秆搭起的小窝棚里，打井、架电线、建水塔，样样都干。他还发挥自己的专业知识，设计出砖拱结构的猪舍，使造价降低了90%。

1993年6月，秦英林从郑州和南阳买来22头良种猪，梦寐以求的事业起步了！乡亲们马上就发现，大学生养猪与农民养猪的确不同。秦英林招聘的饲养员都是职高毕业生，他还经常给他们上课；他有一套隔离和防疫制度，一般人不能接近猪舍；他用营养学理论配制饲料，猪一天能长1公斤肉；给猪做肠道切除手术，他用手把猪粪掏出来；从国内到美国、法国、巴西等国的养猪场、兽医站和实验室，他四处学习……

秦英林的事业迅速壮大，创业第4年，他的资产就达到400万元。随后，他主持了国家级星火项目——瘦肉型猪的产业化开发，年创社会效益上亿元，使数千人就业。

秦英林不愿庸庸碌碌，不蜷缩在温室中、保护伞下，而是利用自己所学，创立了属于自己的天地，因而创造了个人的最大价值。

西奥多·罗斯福说："只有那些勇于从看台上走上竞技场上参与行动的勇敢者，才能成就伟业。"卡耐基也强调："增大成功概率，克服人生不确定性的最优方法，莫过于努力培养自己的冒险精神。"

在生活舞台上，无论做什么事，勇于冒险，才是达到成功所必需和最重要的因素。如果害怕失败，害怕犯错，则是一个人一事无成的最大原因。

胆识非凡，事业非凡

有胆识的冒险，虽然有失败的可能；但没有冒险的胆识，注定会失败。很多时候，成功和失败有时并非取决于智慧和能力，而取决于胆识和勇气。

中国有名句古训"才、学、胆、识，胆为先"。有人以为胆量算不上什么，然而仔细看一下我们周围的人，你就不难发现，天下其实永远都不缺少有才华的人，有才华的人到处都是。但真正有胆量的人，人群里却是少之又少。

许多能人看问题都比较清楚、仔细，但正是由于他们的精明，总是不愿去做一些很冒险的事，结果淹没在自己的所谓智慧里。据美国企业家协会的调查统计，天下真正做大事的人，不一定都是精明人，但却一定都是有胆量的人。做一个有胆量的人，比做一个有能力的精明人更难。这种胆量，往往是指承受失败的胆量和勇气。

在日常生活中，谁愿意去做一些没有把握的事呢？精明人，有能力的人，大都不愿意这么做事，更不愿意这么生活，因为他们不想提心吊胆地生活。只有那些有胆量的人，不怕挫折的人，才肯这么做事。但凡天下大事，又必须要有胆量才能做得起，撑得住。

一个园艺师向一个日本企业家请教说："社长先生，您的事业如日中天，而我就像一只蝗蚁，在地里爬来爬去的，一点没有出息，什么时候我才能赚大钱，能够成功呢？"

企业家对他和气地说："这样吧，我看你很精通园艺方面的事情，我工厂旁边有 2 万平方米空地，我们就种树苗吧！一棵树苗多少钱？"

"40 元"。

企业家又说："那么以一平方米地种两棵树苗计算，扣除道路，2 万平方米地大约可以种 2．5 万棵，树苗成本刚好 100 万元。你算算，3 年后，一棵树苗可以卖多少钱？"

"大约 3000 元。"

"这样，100 万元的树苗成本与肥料费都由我来支付。你就负责浇水、除草和施肥工作。3 年后，我们就有 600 万的利润，那时我们一人一半。"企业家认真地说。

不料园艺师却拒绝说："哇！我不敢做那么大的生意，我看还是算了吧。"

一句"算了吧"，就把到手的成功机会轻轻地放弃了。一些人每天都梦想着成功，可是机遇到来的时候，却没有足够的勇气去行动。要知道，成功是需要胆识的，要敢于尝试！

一个人的胆识，体现了一种冒险精神，胆识高的人能够把握机会。因为不靠胆识踏出第一步，就不可能播下成功的种子。美国麻省理工学院教授，也是全球知名经济学家梭罗指出："有胆识的冒险，虽然有失败的可能；但没有冒险的胆识，注定会失败。"歌德也说："你若失去财产，你仅失去了一点儿；你若失去了荣誉，你则失去了很多；你若失去了勇敢，你就把一切都失去了。"成功总是从冒险开始的。

很多时候，成功和失败有时并非取决于智慧和能力，而取决于胆识和勇气。尤其在必须抉择的关键时候，胆识往往比智慧更为重要。整个世界充满着变数和风险，有许多我们不了解的新领域、新情况。在这样一个复杂多变的时空条件下，就需要及时行动，而这就需要超常的气魄和胆识来支撑。

皮埃尔·杜邦于 1870 年出生，他自幼聪明好学，以优异成绩毕业于麻省理工学院。毕业后 9 年间，他一直致力于化学研究，获得了两项无烟火药专利。

杜邦 32 岁那年，堂叔犹仁总裁死于肺炎。于是，杜邦当上了新的总裁。杜邦当上总裁后，就开始一个大胆的收购计划。他们收购了雷伯诺化学公司和东方火药公司。但由于他的垄断惹来了一场官司，法院判杜邦公司有罪。官司并没有让皮埃尔退缩，反而更加壮了他的胆量和创建一番事业的雄心。

新总统上台后，杜邦派他的法律顾问乔治去游说总统。他说："总统先生，不远的将来，欧洲一定会发生战争，只有杜邦获得独家制造火药的权力，国家和安全才有保障！"总统认为乔治的话不无道理，于是下令举行听证会，他打算听听各方面的意见。

听证会上，杜邦大胆发言，他说：不远的将来，欧洲一定会发生战争，在非常时期，由杜邦公司对火药制造业进行独霸，对于美国的安全保障，有百利而无一害。

参加听证会的陆海军司令、政府各部首脑和各大学教授听了杜邦的发言后，一致认同杜邦的观点。总统最后裁决：杜邦公司改组成三家公司。其实这是掩人耳目的做法，这样做，既免于违反"夏曼垄断禁止法",又保护了杜邦公司。杜邦公司一分为三,实权仍牢牢握在杜邦堂兄弟手里。

不出皮埃尔预料。不久,欧洲爆发了第一次世界大战。杜邦公司的火药供不应求。为了扩大生产规模,杜邦向华尔街大阔佬摩根贷款1 400万美元。贷款之前,杜邦反复琢磨过,年息是6%,而且要拿公司股票做抵押;到时候如果还不起,公司就要落入摩根的掌握之中了。但他大胆地分析,美国迟早会介入欧洲战争,对火药的需求将猛增,到那时,杜邦公司将攫取巨大的利润。杜邦用贷来的巨款,创办了5个火药工厂,其中田纳西州的工厂是世界上最大的无烟火药工厂。

1917年4月,美国对德宣战,加入了正进行得如火如荼的战争。政府对军用物资的采购数量剧增,其中当然首推烈性炸药。杜邦的预见太准确了。第一次世界大战期间,协约国方使用的火药,将近一半是由杜邦公司供应的。战争给杜邦家族带来滚滚财源,他们在战争中共捞进10多亿美元的毛利,获得的纯利润达几亿美元。其中,每年纳税后的净收入达几百万美元。杜邦家族因此被诅咒为"战争贩子",然而杜邦公司也因此从战前的一个三流上市公司跃居美国最大的企业集团。至此,庞大的杜邦帝国已经成形了。

在日趋激烈的商业竞争中,如果没有一定的勇气和胆量,即使做出比较切合实际的预见,也不能很快地发展下去。正如杜邦第6任总裁皮埃尔所言:"即使看到前面的东西,如果不敢迈出去,也会得不到。"的确,皮埃尔·杜邦正是凭借自己的胆量取得了商业上的胜利,创造了历史的奇迹。

俗话说："三分能耐七分胆"，凡做大事的人必须要有胆量和魄力。胆量是承受生活中一切艰辛、做成一切事业的重要因素。

害怕失败错失机遇

害怕失败，容易使人变得畏首畏尾、瞻前顾后、不敢采取行动。对自己越来越没有信心，不敢决断，终于陷入失败的境地。

对于一个人来说，失败并不可怕。可怕的是一个人在失败的阴影下畏缩不前，失去了必胜的信心与勇气。

一次，有人问一个农夫是不是种了麦子。农夫回答："没有，我担心天不下雨。"那个人又问："那你种棉花了吗?"农夫说："没有，我担心虫子吃了棉花。"于是那个人又问："那你种了什么?"农夫说："什么也没种。我要确保安全。"

人生中充满了变数，很多风险是我们无法回避的。出生是我们人生的第一次冒险。随着我们一天天长大，各种选择接踵而来，而有选择就会有风险。选择考大学要冒落榜的风险，选择务农要冒各种灾害的风险，选择经尚要冒亏本的风险，选择这一职业要冒失去更好的职业的风险……可是我们必须选择，也就是我们必须去冒险，因此我们要做的不是回避风险，而是勇敢的面对风险，接受人生的各种挑战。

"不敢冒险就是损失，"《冒险》的作者维斯戈说："最后将毁掉你的生活。你无法学习到你是什么样的人，无法测试你的潜能，无法追求理想。你会变得好逸恶劳，经验愈来愈少，你的世界缩小了，它也变得顽固。受害者就是你自己。"

害怕失败，使得人变得谨小慎微，行动过于保守，不敢对所做的事情从资金、精力、时间上以全力投入，而是分散或保留一部分。这样，由于投入不足，就会影响产出，甚至造成没有产出，导致失败。

害怕失败，就会在人的潜意识里就种下失败的种子，这样，成功的种子就得不到充分的营养。失败的种子吸收了养分，潜意识就很难集中全部精力工作。害怕失败的心理，对于潜意识的工作是十分有害的。它影响人的创新性活动，影响目标的实现。

害怕失败，容易使人变得畏首畏尾、瞻前顾后、不敢采取行动。对自己越来越没有信心，不敢决断，终于陷入失败的境地。

有位小伙子爱上了一位美丽的姑娘，他壮着胆子给姑娘写了一封求爱信。没几天她给他回了一封奇怪的信，这封信的封面上署有姑娘的名字，可信封内却空无一物。小伙子感到奇怪：如果是接受，那就明确说出；如果不接受，也可以明确说出，干吗故弄玄虚？

小伙子鼓足信心，日复一日地给姑娘写信，而姑娘照样寄来一封又一封的无字信。一年之后，小伙子寄出了整整99封信，也收到了 99 封回信。小伙子拆开前 98 封回信，全是空信封。对第 99 封回信，小伙子害怕再次受到打击，没有勇气拆开它。他再也不敢抱任何希望，心灰意次地把第 99 封回信放在一个精致的木匣中，从此不再给姑娘写信。

两年后，小伙子和另外一位姑娘结婚了。新婚不久，妻子在一次清理家什时，偶然翻出了木匣中的那封信，好奇地拆开一看，里面的信纸上写着：我已做好了嫁衣，在你的第 100 封信来临的时候，我就做你的新娘。

当夜，已为人夫的小伙子看爬上摩天大厦的楼顶，手捧着 99 封回信，望着万家灯火的美丽城市，不经意间已是潜然泪下。

很多人都害怕失败，在内心拒绝失败，但是，在这个世界上，谁都难免会犯错误，即使是四条腿的大象，也有摔跤的时候。正如一位哲人所说："人要不犯错误，除非他什么事也不做，而这恰好是他最基本的错误。"

小张到美国学习两年，顺利地拿到硕士学位，随即应征到一份相当不坏的工作。公司的业务蒸蒸日上，正在迅速的拓展，工作环境好，报酬佳，而升迁的机会尤多。留学生在异国他乡能谋得这样好的差事算是很不错的了，小张因此也是万事小心，不求有功到求无过。

年终老板召见，小张心中不由漾起希望："前两任的同事都或多或少犯了错，但都得到了加俸晋爵。而我并没有犯过什么错，相信更能得到上司的器重吧。"

待小张坐下后，老板说："张先生，你一年的工作情形很好。但是，公司要紧缩人事，这是件很不得已的事，想必你能谅解。依照规定，你可以领三个月的遣散费。相信你很快就会找到更好的工作。"

小张不知所措，怀疑自己听错了话。

停了好一阵，小张激动起来："你的意思是说，我被炒鱿鱼了？为什么？难道因为我是中国人，就被歧视？"

老板连忙解释："张先生，你不要激动。公司从几百封应征函里选中了你，可见我们对中国人绝没有一点歧视的意思。你确实没有犯什么过错。而事实上，就是因为没有犯错，公司才这么做。你知道，公司正在大力的推展业务，需要独当一面的人才。公司对于你的学识很满意，但是对于你做事的方式不能接受。"

"在我们眼中，人都不能免于犯错。不犯错的人只有两种人：一种人不做不错，只知道在现成的路上，跟着别人走。这种人或许不会犯错，但也不会在尝试、错误中进步。另一种人不是不犯错，而是犯了错，善于隐瞒错误。不管是那一种'不犯错的人'，都不是公司所需要的。

对于一个人来说，失败并不可怕。可怕的是一个人在失败的阴影下畏缩不前，失去了必胜的信心与勇气。如果那样，将永远都不会走上成功之路

杰克住在英格兰的一个小镇上。他从未看见过海，他非常想看一看海。有一天他得到一个机会，当他来到海边，那儿正罩着雾，天气又冷。

他想："海一点都不好，庆幸我不是一个水手，当一个水手太危险了。"

在海岸上，他遇见了一个水手。他们交谈起来。

"你怎么会爱海呢？"杰克问，"那儿弥漫着雾，又冷。"

"海不是经常冷和有雾。有时，海是明亮而美丽的。但在任何天气，我都爱海。"水手说。

"当一个水手不是很危险吗？"杰克问。

"当一个人热爱他的工作时，他不会想到什么危险。我们家庭的每一个人都爱海。"水手说。

"你的父亲现在何处呢？"杰克问。

"他死在海里。"

"你的祖父呢？"

"死在太平洋里。"

"而你的哥哥……"

"当他在印度一条河里游泳时，被一条鳄鱼吞食了。"

"既然如此，"杰克说，"如果我是你，我就永远也不到海里去。"

"你愿意告诉我你父亲死在哪儿吗？"

"啊，他在床上断的气。"杰克说。

"你的祖父呢？"

"也是死在床上。"

"这样说来，如果我是你，"水手说，"我就永远也不到床上去。"

　　失败与成功是任何事物发展的经过与结果，两者是互为因果的关系。没有失败的经验，就没有成功的发现；没有失败的艰辛，就没有成功的喜悦。如果一个人在行动之前就被失败吓倒，那么他就永远不会有为目标付出行动的勇气，最后给自己酿造失败的苦果。

　　要想成功，就得坦然面对失败，懂得总结失败的原因，只有这样，你才能发现失败与成功仅一步之遥，才能把每次失败都当作新的起点，踏着一步步失败的阶梯走向成功和辉煌。